Hidráulica e planejamento aplicados ao saneamento

Hidráulica e planejamento aplicados ao saneamento

Liliane Klemann Raminelli

Rua Clara Vendramin, 58 . Mossunguê
CEP 81200-170 . Curitiba . PR . Brasil
Fone: (41) 2106-4170
www.intersaberes.com
editora@intersaberes.com

Conselho editorial
Dr. Ivo José Both (presidente); Dr.ª Elena Godoy;
Dr. Neri dos Santos; Dr. Ulf Gregor Baranow

Editora-chefe
Lindsay Azambuja

Gerente editorial
Ariadne Nunes Wenger

Assistente editorial
Daniela Viroli Pereira Pinto

Preparação de originais
Gilberto Girardello Filho

Edição de texto
Palavra do Editor
Gustavo Piratello de Castro

Capa
Débora Gipiela (*design*)
DedMityay/Shutterstock (imagem)

Projeto gráfico
Allyne Miara

Diagramação
Muse Design

Responsável pelo *design*
Débora Gipiela

Iconografia
Sandra Lopis da Silveira
Regina Claudia Cruz Prestes

Dados Internacionais de Catalogação na Publicação (CIP)
(Câmara Brasileira do Livro, SP, Brasil)

Raminelli, Liliane Klemann
   Hidráulica e planejamento aplicados ao saneamento/Liliane Klemann Raminelli. Curitiba: InterSaberes, 2021.

   Bibliografia.
   ISBN 978-65-5517-965-1

   1. Bombas hidráulicas 2. Hidráulica 3. Hidrometria 4. Hidrostática 5. Recursos hídricos 6. Saneamento I. Título.

21-55788   CDD-627

Índices para catálogo sistemático:
1. Engenharia hidráulica   627

Cibele Maria Dias – Bibliotecária – CRB-8/9427

Foi feito o depósito legal.
1ª edição, 2021.

Informamos que é de inteira responsabilidade da autora a emissão de conceitos.

Nenhuma parte desta publicação poderá ser reproduzida por qualquer meio ou forma sem a prévia autorização da Editora InterSaberes.

A violação dos direitos autorais é crime estabelecido na Lei n. 9.610/1998 e punido pelo art. 184 do Código Penal.

Sumário

Apresentação 11
Como aproveitar ao máximo este livro 12

Capítulo 1
Princípios básicos da hidráulica 16
   1.1 Conceito de hidráulica 18
   1.2 Definição de fluido 18
   1.3 Propriedades dos fluidos 19

Capítulo 2
Hidrostática: pressões e empuxos 28
   2.1 Conceito de pressão 30
   2.2 Princípio de Pascal 31
   2.3 Teorema de Stevin 33
   2.4 Princípio de Arquimedes 34
   2.5 Medidas de pressão 35
   2.6 Pressão sobre superfícies planas 37
   2.7 Pressão sobre superfícies curvas 42

Capítulo 3
Hidrodinâmica 50
   3.1 Escoamento dos fluidos 52
   3.2 Vazão ou descarga 52
   3.3 Classificação dos movimentos dos fluidos 53
   3.4 Regimes de escoamento de fluido 53
   3.5 Linhas e tubos de corrente 54
   3.6 Equação da continuidade 55
   3.7 Equações de energia: teorema de Bernoulli 56

Capítulo 4
Escoamento em tubulações: análise dimensional e semelhança mecânica 64
   4.1 Introdução e definições 66
   4.2 Perdas de carga 66
   4.3 Análise dimensional 71
   4.4 Semelhança dinâmica 72

Capítulo 5

Cálculo de tubulações sob pressão 76
5.1 O método empírico e a multiplicidade de fórmulas 78
5.2 Critério para a adoção de uma fórmula 78
5.3 Método científico: fórmula universal 78
5.4 Fórmula de Hazen-Williams 80

Capítulo 6

Condutos forçados: posição dos encanamentos, cálculo prático, materiais e considerações complementares 84
6.1 Linha de carga e linha piezométrica 86
6.2 Posição das tubulações em relação à linha de carga 88
6.3 Perda de carga unitária, declividade e desnível disponível 94
6.4 Materiais empregados nas tubulações sob pressão 94
6.5 Diâmetros e classes de pressão comerciais dos tubos 95

Capítulo 7

Estações elevatórias, bombas e linhas de recalque 100
7.1 Principais tipos de bombas 102
7.2 Conceitos importantes 103
7.3 Bombas trabalhando em série e em paralelo 105
7.4 Estações elevatórias 106
7.5 NPSH: energia disponível no líquido na entrada da bomba 106
7.6 Canalização de recalque 108
7.7 Escolha de bombas 109

Capítulo 8

Condutos livres ou canais 116
8.1 Introdução 118
8.2 Escoamento permanente uniforme 118
8.3 Escoamento permanente variado 123

Capítulo 9

Hidrometria: processos de medidas hidráulicas   128
   9.1 Medição de nível   130
   9.2 Medição de pressão   130
   9.3 Medição de seção de escoamento   131
   9.4 Medição de tempo   131
   9.5 Medição de volume   131
   9.6 Medição de velocidade   132
   9.7 Medição de vazão   134

Capítulo 10

Hidráulica aplicada   142
   10.1 Sistemas urbanos de abastecimento de água   144
   10.2 Sistemas urbanos de esgotamento sanitário   156
   10.3 Sistemas de drenagem pluvial   162

Capítulo 11

Planejamento de obras hidráulicas   178
   11.1 Tipos de obras hidráulicas   180
   11.2 Obras hidráulicas de condução   180
   11.3 Obras hidráulicas de reservação e controle   182

Capítulo 12

Aspectos ambientais envolvidos nas obras hidráulicas   196
   12.1 Impactos ambientais relacionados às obras hidráulicas   198
   12.2 Histórico da questão ambiental voltada aos recursos hídricos   199
   12.3 Licenciamento ambiental   202

Considerações finais   210
Referências   213
Respostas   215
Sobre a autora   248

Dedicatória

À minha família, em especial aos meus pais, Louri (*in memoriam*) e Edenir, que fizeram de tudo para que eu sempre tivesse as melhores condições para colocar o meu estudo em primeiro lugar e me incentivaram muito na minha caminhada até aqui.

Ao meu esposo, Fábio, pela compreensão e pelo incentivo que demonstrou em todos os momentos, dando-me todo o suporte necessário e apoiando-me incondicionalmente.

Apresentação

Esta obra tem como propósito apresentar, de forma clara e objetiva, conteúdos relacionados à hidráulica e sua aplicação ao saneamento, de modo a auxiliar alunos de graduação e pós-graduação.

No contexto da engenharia, a hidráulica se destaca por estar aplicada em diversas áreas, como a mecânica dos fluidos, os sistemas de abastecimento de água e de esgotamento sanitário de uma cidade ou comunidade, os sistemas de drenagem urbana e as instalações prediais em residências, comércios e indústrias. Assim, é imprescindível o conhecimento da hidráulica para a boa atuação de um profissional em qualquer uma das áreas citadas.

Este livro foi dividido em doze capítulos. Inicialmente, abordaremos os princípios básicos da hidráulica, seu conceito e a forma como é dividida, além do conceito de fluido e suas principais propriedades. Na sequência, trataremos da hidrostática (estudo dos fluidos em repouso) e da hidrocinemática (estudo dos fluidos em movimento). Em seguida, analisaremos aspectos relacionados ao escoamento dos fluidos em tubulações, como dimensionamento e posição dos encanamentos. Enfocaremos, ainda, todo o conteúdo relacionado a estações elevatórias, bombas e linhas de recalque. Além das tubulações (condutos forçados), apresentaremos também algumas noções relativas a condutos livres ou canais. Os processos de medição de vazão, de nível e de velocidade em rios (hidrometria) também serão examinados nesta obra. Por fim, todos os conceitos abordados serão contemplados nos capítulos sobre hidráulica aplicada e planejamento de obras hidráulicas, nos quais trataremos de todo o dimensionamento dos sistemas de abastecimento de água, de esgotamento sanitário e de drenagem urbana e, ainda, do planejamento de obras hidráulicas, como bueiros, barragens, vertedores e dissipadores de energia. No último capítulo do livro, versaremos sobre diversos aspectos ambientais relacionados às obras hidráulicas.

Em todos os capítulos, apresentaremos exemplos do cotidiano, de maneira a aproximar os conceitos de sua aplicação. Ainda, indicaremos materiais para o aprofundamento dos assuntos abordados nos capítulos, como vídeos sobre experimentos práticos, livros, manuais e *sites*.

É importante ressaltar que, para uma melhor compreensão da hidráulica, é necessária a prática por meio de questões e exercícios, que estão presentes em todos os capítulos deste livro.

Boa leitura!

Como aproveitar ao máximo este livro

Empregamos nesta obra recursos que visam enriquecer seu aprendizado, facilitar a compreensão dos conteúdos e tornar a leitura mais dinâmica. Conheça a seguir cada uma dessas ferramentas e saiba como elas estão distribuídas no decorrer deste livro para bem aproveitá-las.

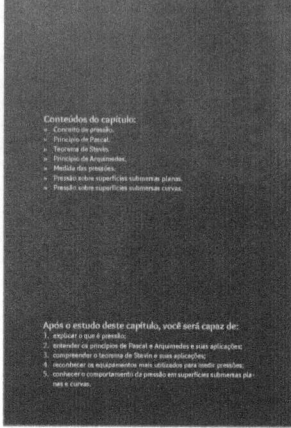

Conteúdos do capítulo

Logo na abertura do capítulo, relacionamos os conteúdos que nele serão abordados.

Após o estudo deste capítulo, você será capaz de:

Antes de iniciarmos nossa abordagem, listamos as habilidades trabalhadas no capítulo e os conhecimentos que você assimilará no decorrer do texto.

Síntese

Ao final de cada capítulo, relacionamos as principais informações nele abordadas a fim de que você avalie as conclusões a que chegou, confirmando-as ou redefinindo-as.

Para saber mais

Sugerimos a leitura de diferentes conteúdos digitais e impressos para que você aprofunde sua aprendizagem e siga buscando conhecimento.

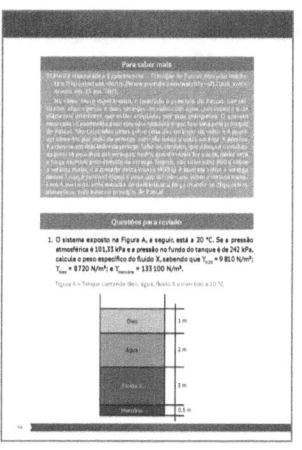

Questões para revisão

Ao realizar estas atividades, você poderá rever os principais conceitos analisados. Ao final do livro, disponibilizamos as respostas às questões para a verificação de sua aprendizagem.

Questões para reflexão

Ao propor estas questões, pretendemos estimular sua reflexão crítica sobre temas que ampliam a discussão dos conteúdos tratados no capítulo, contemplando ideias e experiências que podem ser compartilhadas com seus pares.

Capítulo 1

Princípios básicos da hidráulica

Conteúdos do capítulo:

» Conceito de hidráulica e sua subdivisão.
» Definição de fluido.
» Propriedades dos fluidos: massa específica, densidade relativa, peso específico, viscosidade, coesão, adesão e tensão superficial.

Após o estudo deste capítulo, você será capaz de:

1. compreender o que é a hidráulica e sua subdivisão;
2. entender o que é um fluido;
3. identificar as principais propriedades apresentadas pelos fluidos.

1.1 Conceito de hidráulica

A palavra *hidráulica* significa "condução de água". Contudo, atualmente, esse termo abrange um significado muito mais amplo, sendo considerado o estudo do comportamento da água ou de outros líquidos em repouso ou em movimento.

A hidráulica pode ser dividida em:

- » **Hidráulica geral**: muito próxima da mecânica dos fluidos, é subdividida em hidrostática (estudo dos fluidos em repouso), hidrocinemática (estudo das velocidades e trajetórias dos fluidos sem considerar forças ou energia) e hidrodinâmica (estudo das velocidades, acelerações e forças que atuam em fluidos em movimento).
- » **Hidráulica aplicada**: trata-se da aplicação prática dos conhecimentos científicos da mecânica dos fluidos. São diversas áreas de atuação: urbana (sistemas de abastecimento de água, de esgotamento sanitário, de drenagem pluvial e canais), rural (sistemas de drenagem, de irrigação e de água potável e esgotos), instalações prediais (edificações industriais, comerciais, residenciais e públicas), lazer e paisagismo, estradas (drenagem), defesa contra inundações, geração de energia, navegação e obras marítimas e fluviais, entre outras.

1.2 Definição de fluido

Um fluido é uma substância que tem a capacidade de se deformar continuamente quando submetida à ação de uma força tangencial a ela, não importando a intensidade dessa força. Essa é a principal característica que diferencia os fluidos dos sólidos, pois estes também se deformam quando são submetidos a uma força tangencial a eles, porém não continuamente.

Na Figura 1.1, são mostrados os três estados possíveis da matéria (sólido, líquido e gasoso), evidenciando-se, portanto, as principais diferenças existentes entre líquidos e gases. Os líquidos apresentam superfície livre, ocupam um volume fixo e tomam a forma do recipiente, como observamos na figura. Além disso, são difíceis de comprimir, sendo, na maioria dos casos, considerados incompressíveis. Já os gases são facilmente compressíveis, além de não apresentarem um volume fixo, sempre se adaptando ao volume do recipiente em que estão inseridos. Com isso, eles preenchem completamente o recipiente no qual se encontram, de forma que nenhuma superfície livre se forme, como também pode ser observado na imagem.

Figura 1.1 – Apresentação dos três estados possíveis da matéria (sólido, líquido e gasoso), evidenciando-se principalmente a diferença entre líquidos e gases

1.3 Propriedades dos fluidos

Os fluidos apresentam diversas propriedades bastante importantes para que seja possível compreender melhor seu comportamento. Tais propriedades serão detalhadas a seguir.

1.3.1 Massa específica (ρ)

A massa específica de um fluido, também chamada de *densidade absoluta*, é definida como a quantidade de massa desse fluido por unidade de volume, sendo explicada, então, pela equação a seguir.

$$\rho = \frac{m}{V}$$

Em que:
- » ρ (letra grega "rô") – massa específica ou densidade absoluta, sendo dada no Sistema Internacional de Unidades (SI) em kg/m³;
- » m – massa de fluido, designada em kg;
- » V – volume do fluido, designada em m³.

A massa específica de um fluido pode variar de acordo com a temperatura e a pressão a que está sujeita. Na maior parte dos gases, a densidade absoluta é proporcional à pressão e inversamente proporcional à temperatura. Já para líquidos e sólidos, suas densidades absolutas são mais dependentes de mudanças na temperatura do que na pressão. Por exemplo, a densidade absoluta máxima da água, que é 1 000 kg/m³, alcança esse valor a uma temperatura de 3,98 °C; em contrapartida, se a água estiver a uma temperatura de 20 °C, sua densidade absoluta cairá para 998,23 kg/m³.

1.3.2 Densidade relativa (d)

Em alguns casos, a densidade de uma substância é dada em relação à densidade de uma substância conhecida, sendo assim chamada de *densidade relativa*. No caso dos líquidos, normalmente a substância conhecida é a água a 3,98 °C e, no caso dos gases, em sua maioria, adota-se o ar nas Condições Normais de Temperatura e Pressão (CNTP), isto é, a 0 °C e a 1 atm (atmosfera) de pressão. Com isso, a densidade relativa pode ser definida como a razão entre a densidade absoluta da substância em análise e a densidade absoluta da substância padrão, como é mostrado na equação a seguir.

$$d = \frac{\rho}{\rho_{padrão}}$$

Em que:
- » d – densidade relativa que não apresenta unidade (adimensional);
- » ρ – densidade absoluta da substância em análise, dada por kg/m³;
- » $\rho_{padrão}$ – densidade absoluta da substância padrão, com unidade em kg/m³.

Como exemplo da aplicação dessa propriedade, é possível afirmar que o mercúrio apresenta densidade relativa de 13,6. Considerando-se que se está utilizando como substância padrão a água a 3,98 °C, com densidade absoluta de 1 000 kg/m³, sabe-se, portanto, que o mercúrio é 13,6 vezes mais denso que a água a essa temperatura. Além disso, fazendo-se uso da equação anterior, constata-se que o mercúrio apresenta densidade absoluta de 13 600 kg/m³.

1.3.3 Peso específico (ϒ)

O peso específico de um fluido é definido como o peso desse fluido por unidade de volume, sendo determinado pela equação a seguir.

$$\gamma = \frac{P}{V} = \frac{m \cdot g}{V} = \rho \cdot g$$

Em que:
- ϒ (letra grega "gama") – peso específico, dado em N/m³;
- P – peso do fluido, dado em N;
- V – volume do fluido, dado em m³;
- m – massa do fluido, dada em kg;
- g – aceleração da gravidade – no caso, será usada a aceleração da gravidade na Terra, que é 9,81 m/s²;
- ρ – massa específica do fluido, dada em kg/m³.

Como se sabe, o peso (P) de um fluido é dado pela multiplicação da massa desse fluido pela aceleração da gravidade (g). Por isso, nessa equação, o peso (P) foi substituído por essa multiplicação. Além disso, como exposto anteriormente, sabe-se também que a massa específica (ρ) de um fluido é dada pela razão da massa desse fluido (m) pelo volume de fluido (V). Portanto, pode-se chegar à conclusão de que o peso específico (ϒ) de um fluido pode ser determinado pela multiplicação de sua massa específica (ρ) pela aceleração da gravidade (g), como é mostrado na última equação apresentada.

Como exemplo, então, temos que o peso específico (ϒ) do mercúrio será 133 416 N/m³, sendo obtido pela multiplicação de sua massa específica (ρ), 13 600 kg/m³, pela aceleração da gravidade (g), 9,81 m/s².

1.3.4 Viscosidade

A viscosidade de um fluido pode ser considerada como a resistência desse fluido à deformação ou ao escoamento. Por exemplo, quando se enchem dois recipientes, sendo um com água e outro com mel, e esses recipientes são virados a fim de retirar os fluidos, a água sai de dentro do recipiente muito mais rapidamente do que o mel. Isso ocorre porque o mel resiste mais ao movimento do que a água, sendo, portanto, mais viscoso.

A Figura 1.2, a seguir, mostra uma força (F) aplicada à camada superior de um fluido, sendo que este está apoiado sobre uma placa plana parada na parte inferior da área do escoamento. É possível notar, com isso, que, quanto mais distantes estão as camadas de fluido da placa plana parada, maiores são suas velocidades, sendo que a camada mais distante apresenta velocidade máxima. Assim, a lâmina tende a acelerar a lâmina que está abaixo, e a que está abaixo tende a retardar a primeira.

Figura 1.2 – Esquema que representa o fenômeno da viscosidade de um fluido

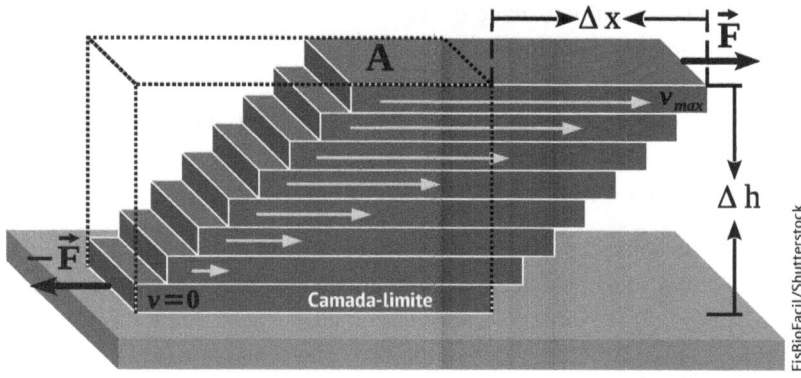

A força (F) decorrente dessa diferença de velocidade será proporcional ao gradiente da velocidade (Δv), de acordo com a equação a seguir.

$$F = \mu \cdot A \cdot \frac{\Delta v}{\Delta h}$$

Em que:
» F – força tangencial aplicada à camada superior do fluido, dada em N;

- » μ – coeficiente característico do fluido, em certa pressão e temperatura, conhecido como *coeficiente de viscosidade dinâmica* ou *absoluta*, dado no SI em N·s/m²;
- » A – área do escoamento, dada em m²;
- » Δv – gradiente de velocidade;
- » Δh – variação de altura entre as camadas.

Essa equação é também conhecida como *equação da viscosidade de Newton*. Ela mostra, portanto, que existem fluidos que se deformam proporcionalmente à força a que são submetidos, sendo estes chamados de *fluidos newtonianos*. Já nos denominados *fluidos não newtonianos*, essa proporcionalidade não ocorre.

São exemplos de fluidos newtonianos: água, líquidos finos semelhantes à água e gases em geral. Por sua vez, lamas e lodos, de maneira geral, são considerados fluidos não newtonianos.

Quando se divide a viscosidade absoluta μ pela massa específica (densidade absoluta) ρ de um fluido, obtém-se a viscosidade cinemática ν, conforme equação a seguir.

$$\nu = \frac{\mu}{\rho}$$

Em que:
- » ν – viscosidade cinemática, dada em m²/s;
- » μ – viscosidade dinâmica, dada em N·s/m²;
- » ρ – massa específica ou densidade absoluta, dada em kg/m³.

1.3.5 Coesão, adesão e tensão superficial

A coesão ocorre em virtude da atração das moléculas de um fluido por outras moléculas do mesmo fluido. A água, por exemplo, apresenta forças de coesão bastante fortes, suficientes para serem responsáveis pela formação de uma gota d'água.

Já a adesão consiste na atração de moléculas de um tipo por moléculas de outro tipo. Por exemplo, quando um líquido está em contato com um sólido, a atração exercida pelas moléculas do sólido pode ser maior que a existente entre as moléculas do próprio líquido.

Uma característica importante dos fluidos é a tensão superficial, resultado das forças coesivas. Este é um fenômeno em que há a formação de uma verdadeira película plástica na superfície de um líquido em contato com o ar, que resiste à ruptura quando colocado sob tensão. Com isso, é possível que uma superfície com água suporte pequenos objetos, como um pedaço de papel, uma agulha, um clipe e até um pequeno inseto, sem que haja ruptura, como podemos observar na Figura 1.3.

Figura 1.3 – Inseto sobre a água demonstrando a propriedade da tensão superficial

optimarc/Shutterstock

Essas três propriedades – adesão, coesão e tensão superficial – permitem, também, que a água suba em tubos finos de vidro (capilares) colocados em um recipiente com água. Esse movimento é chamado de *capilaridade* e ocorre em virtude da atração entre as moléculas de água e as paredes do tubo de vidro (adesão), bem como da atração entre as próprias moléculas de água (coesão), como ilustra a Figura 1.4. A elevação do líquido, em um tubo de diâmetro pequeno, é inversamente proporcional ao diâmetro desse tubo.

Figura 1.4 – Ilustração que mostra o fenômeno da capilaridade

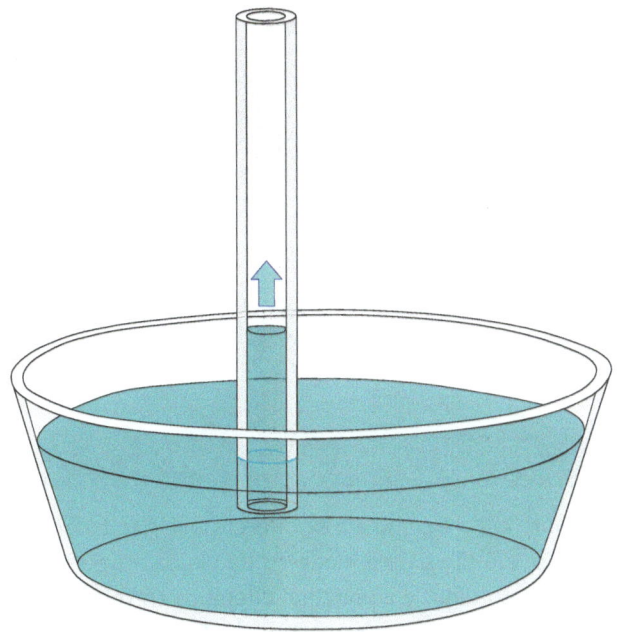

Síntese

Neste capítulo, fizemos uma introdução ao conceito de hidráulica, apresentando como a área é subdividida.

Na sequência, mostramos o que é um fluido e a principal característica que o diferencia dos sólidos. Explicamos, ainda, as principais diferenças entre líquidos e gases.

Além disso, examinamos as principais propriedades dos fluidos, importantes para compreender seu comportamento. Nesse sentido, abordamos as seguintes propriedades: massa específica (densidade absoluta), peso específico, viscosidade, adesão, coesão e tensão superficial, considerando que a massa específica, o peso específico e a viscosidade variam de acordo com a pressão e a temperatura.

Para saber mais

THENÓRIO, I. **Torre de líquidos**. 24 ago. 2011. Disponível em: <https://manual domundo.uol.com.br/experiencias-e-experimentos/torre-de-liquidos/>. Acesso em: 23 dez. 2020.

Nessa página, apresenta-se um vídeo demonstrando a experiência intitulada *Torre de líquidos*. O apresentador utiliza líquidos com densidades absolutas diferentes e que não se misturam, para formar uma torre de líquidos. Ele usa glucose de milho, água, óleo de soja, álcool etílico e querosene para formar a torre, nessa ordem. Esta se forma por conta da propriedade da densidade absoluta e por causa da não solubilidade dos líquidos. Assim, como a glucose de milho apresenta maior densidade absoluta entre todos os líquidos, ela fica na parte inferior na torre; o segundo líquido mais denso é a água, depois o óleo de soja, o álcool etílico e, por último, o querosene, sendo este o menos denso entre os utilizados na experiência.

Questões para revisão

1. O que é um fluido e como ele se diferencia dos sólidos?
2. Descreva o que são as propriedades da massa específica e do peso específico dos fluidos e a principal diferença entre elas.
3. Um reservatório de óleo tem massa de 825 kg e volume de 0,917 m³. Calcule a massa específica, o peso específico e a densidade relativa do óleo. Depois, assinale a alternativa correta:
    a. $\rho = 0,9$; $\Upsilon = 900$ kg/m³; $d = 8\,800$ N/m³.
    b. $\rho = 555,15$ kg/m³; $\Upsilon = 5\,515$ N/m³; $d = 0,5$.
    c. $\rho = 899,67$ kg/m³; $\Upsilon = 8\,825,79$ N/m³; $d = 0,9$.
    d. $\rho = 8\,825,79$ N/m³; $\Upsilon = 899,67$ kg/m³; $d = 0,9$.
4. A densidade relativa do ferro é 7,8. Determine a massa específica e o peso específico do ferro. Depois, assinale a alternativa correta:
    a. $\rho = 76\,518$ N/m³; $\Upsilon = 7\,800$ kg/m³.
    b. $\rho = 981$ kg/m³; $\Upsilon = 9\,810$ N/m³.
    c. $\rho = 4\,560$ N/m³; $\Upsilon = 456$ kg/m³.
    d. $\rho = 7\,800$ kg/m³; $\Upsilon = 76\,518$ N/m³.

5. Uma sala de visita tem como dimensões 4 m por 5 m por 3 m (altura) e em seu interior há 72 kg de ar. Determine a massa específica e o peso específico do ar. Depois, assinale a alternativa correta:
   a. $\rho = 900$ kg/m³; $\Upsilon = 9\,000$ N/m³.
   b. $\rho = 720$ kg/m³; $\Upsilon = 7\,200$ N/m³.
   c. $\rho = 1,2$ kg/m³; $\Upsilon = 11,72$ N/m³.
   d. $\rho = 11,72$ N/m³; $\Upsilon = 1,2$ kg/m³.

Questões para reflexão

1. Explique por que, quando se vira um recipiente com mel e depois se vira um com água, demora muito mais tempo para que o mel saia do recipiente do que a água.
2. Reflita sobre como é possível um pequeno inseto andar sobre a água sem afundar.

Capítulo 2

Hidrostática: pressões e empuxos

Conteúdos do capítulo:

- » Conceito de pressão.
- » Princípio de Pascal.
- » Teorema de Stevin.
- » Princípio de Arquimedes.
- » Medida das pressões.
- » Pressão sobre superfícies submersas planas.
- » Pressão sobre superfícies submersas curvas.

Após o estudo deste capítulo, você será capaz de:

1. explicar o que é pressão;
2. entender os princípios de Pascal e Arquimedes e suas aplicações;
3. compreender o teorema de Stevin e suas aplicações;
4. reconhecer os equipamentos mais utilizados para medir pressões;
5. conhecer o comportamento da pressão em superfícies submersas planas e curvas.

2.1 Conceito de pressão

A pressão é uma força aplicada perpendicularmente a uma superfície de apoio, isto é, a uma área, como observamos na Figura 2.1.

Figura 2.1 – Ilustração que representa o conceito de pressão

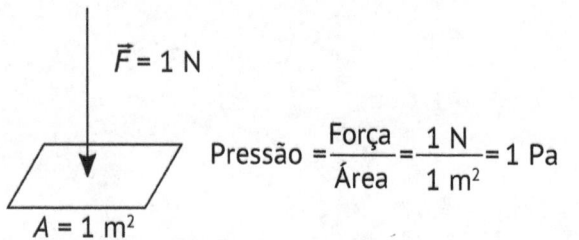

A força pode ser definida com a seguinte equação:

$$p = \frac{F}{A}$$

Em que:
» p – pressão, dada no SI em N/m², também chamado de *Pascal* (Pa);
» F – força aplicada perpendicularmente, dada em N;
» A – área na qual a força está sendo aplicada, dada em m².

A pressão real é denominada *pressão absoluta* ou *total* e leva em consideração a pressão atmosférica. Quando não há a consideração da pressão exercida pela atmosfera, é chamada de *pressão manométrica* ou *relativa*, como indica a equação a seguir.

$$p_{abs} = p_{atm} + p_{man}$$

Em que:
» p_{abs} – pressão absoluta ou total, dada em Pa;
» p_{atm} – pressão atmosférica, dada em Pa;
» p_{man} – pressão manométrica ou relativa, dada em Pa.

Quando um líquido está em um recipiente aberto, existe uma pressão sendo exercida na superfície desse líquido, em razão dos gases que se encontram acima dessa superfície. A essa pressão dá-se o nome de *pressão atmosférica*, que pode variar de acordo com a altitude, sendo que ao nível do mar ela equivale a uma coluna de água de 10,33 m. Isso significa que ao nível do mar a pressão atmosférica seria capaz de elevar uma coluna de água a 10,33 m de altura. Se, em vez de água, fosse usado mercúrio (Hg), a mesma pressão seria capaz de elevar uma coluna de mercúrio a 760 mm de altura. A unidade de milímetro de mercúrio (mmHg) é também chamada de *torr*, em homenagem a Torricelli, o primeiro físico a provar que a pressão atmosférica pode ser medida pela inversão de um tubo cheio de mercúrio em um recipiente contendo mercúrio que esteja aberto à atmosfera. A esse equipamento dá-se o nome de *barômetro*, o qual está apresentado na Figura 2.2.

Figura 2.2 – Barômetro de mercúrio medindo a pressão atmosférica

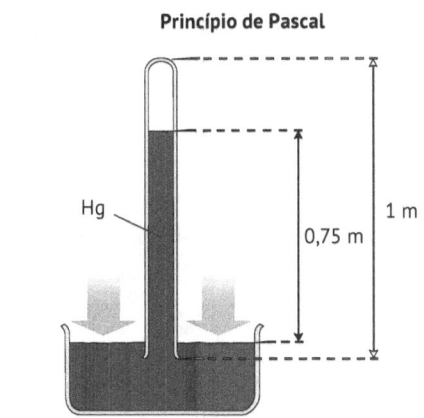

A pressão atmosférica ao nível do mar corresponde, portanto, a 10,33 m_{H_2O} = 760 mm_{Hg} = 1 atm (atmosfera) = 101.325 Pa.

2.2 Princípio de Pascal

O princípio de Pascal apresenta o seguinte enunciado: em qualquer ponto no interior de um líquido em repouso, a pressão é a mesma em todas as direções.

Como consequência desse princípio, qualquer variação de pressão em um ponto no interior de um fluido homogêneo e em equilíbrio se transmite integralmente a todos os pontos do fluido.

Utilizamos muito a aplicação desse princípio em nosso dia a dia nos mecanismos hidráulicos, como prensas hidráulicas, elevadores hidráulicos e macacos hidráulicos.

Na Figura 2.3, é apresentado um elevador hidráulico, cujo objetivo é elevar o carro. Observamos no elevador que os dois braços, esquerdo e direito, têm áreas diferentes. Para elevar o carro que está sobre o braço direito, aplica-se uma força de intensidade F_1 no pistão menor, produzindo-se uma pressão P, que é integralmente transmitida até chegar ao pistão maior e elevar o carro por uma força F_2, utilizando-se, portanto, o princípio de Pascal. Além disso, aplicando-se uma força de "pequena" intensidade no pistão menor, obtém-se uma força de "grande" intensidade no pistão maior, sendo possível, com isso, elevar um carro pelo mecanismo hidráulico.

Figura 2.3 – Elevador hidráulico

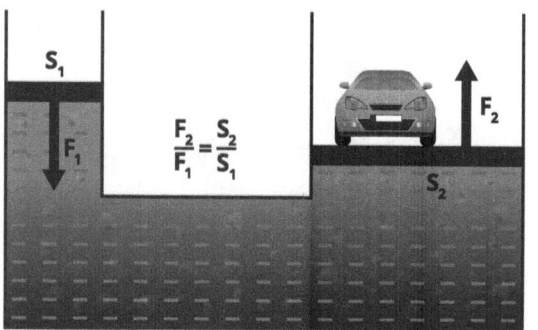

O elevador hidráulico é equacionado por:
$$p_1 = p_2$$

$$\frac{F_1}{A_1} = \frac{F_2}{A_2}$$

$$F_1 = \frac{F_2}{A_2} \cdot A_1$$

Em que:
- » p_1 e p_2 – pressões exercidas nos pistões 1 e 2, em Pa;
- » F_1 e F_2 – forças exercidas nos pistões 1 e 2, em N;
- » A_1 e A_2 – áreas dos pistões 1 e 2, em m².

2.3 Teorema de Stevin

O teorema de Stevin enuncia que a diferença de pressão entre dois pontos de um mesmo líquido em equilíbrio é igual à diferença de profundidade entre esses dois pontos multiplicada pelo peso específico do líquido.

Assim, como ilustra a Figura 2.4, a seguir, para se obter a diferença de pressão entre os pontos 1 e 2, basta determinar a diferença de altura (h) entre eles e multiplicá-la pelo peso específico do líquido em questão, no caso, a água.

Figura 2.4 – Recipiente com pontos e pressões diferentes

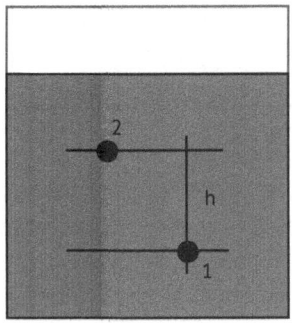

A equação fica assim:
$$p_2 - p_1 = \gamma \cdot h$$

Em que:
» p_2 – pressão no ponto 2, dada em Pa;
» p_1 – pressão no ponto 1, dada em Pa;
» γ – peso específico do líquido em questão, dado em N/m³;
» h – diferença de altura entre o ponto 1 e o ponto 2, dada em m.

Esse teorema traz algumas consequências bastante importantes para a hidráulica. Uma delas é que a pressão em um fluido que está estático, isto é, sem movimento, varia unicamente com a distância vertical e é independente do formato do recipiente em que está inserido. Assim, a pressão é a mesma em todos os pontos que estejam no mesmo plano horizontal no mesmo fluido. Com isso, a pressão aumentará apenas com o aumento da profundidade no fluido, como é possível observar na Figura 2.5.

Figura 2.5 – Recipientes com diferentes formatos apresentando a pressão em um ponto específico

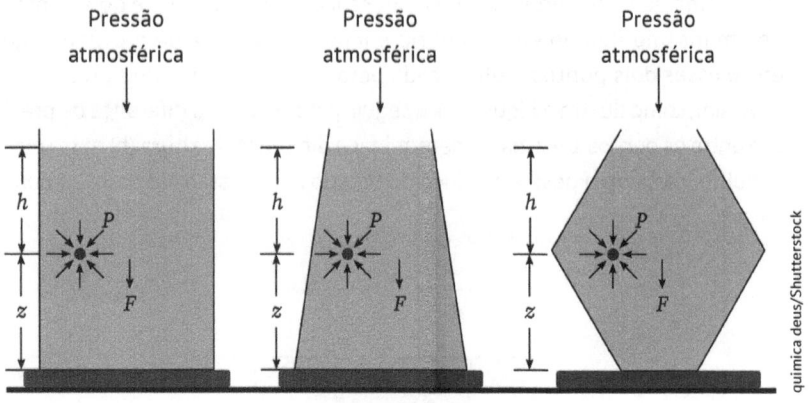

Na Figura 2.5, observamos que, apesar de serem apresentados três recipientes com formatos diferentes, o objeto indicado está exatamente no mesmo plano horizontal. Assim, esse objeto está sujeito à mesma altura de coluna de líquido sobre ele e, consequentemente, a pressão que o fluido está exercendo sobre o objeto é igual nos três recipientes.

2.4 Princípio de Arquimedes

O princípio de Arquimedes indica que, quando um corpo está submerso em um líquido, sofre a ação de uma força vertical, dirigida de baixo para cima, de mesma intensidade que o peso do volume de líquido que foi deslocado pela presença do objeto. A essa força dá-se o nome de *empuxo*. Assim, quanto maior for o volume deslocado pelo objeto submerso no líquido, maior será a força de empuxo agindo sobre ele.

A força de empuxo é determinada por:

$$E = \gamma \cdot V_{deslocado}$$

Em que:
» E – força de empuxo, dada em N;
» γ – peso específico do fluido no qual o objeto foi inserido, dado em N/m³;
» $V_{deslocado}$ – volume de fluido que foi deslocado quando o objeto foi mergulhado nesse fluido, dado em m³.

Hidrostática: pressões e empuxos

Quando um objeto é submerso em um recipiente com determinado líquido, podem ocorrer três situação distintas:

I. O peso do corpo pode ser igual à força do empuxo e, consequentemente, o objeto fica em equilíbrio, flutuando no líquido.
II. O peso do objeto pode ser menor que força do empuxo e, consequentemente, o objeto sobe em direção à superfície do líquido.
III. O peso do objeto pode ser maior que a força do empuxo e, consequentemente, o objeto afunda no líquido em direção ao fundo do recipiente.

Essas três situações estão representadas na Figura 2.6.

Figura 2.6 – Situações com o empuxo

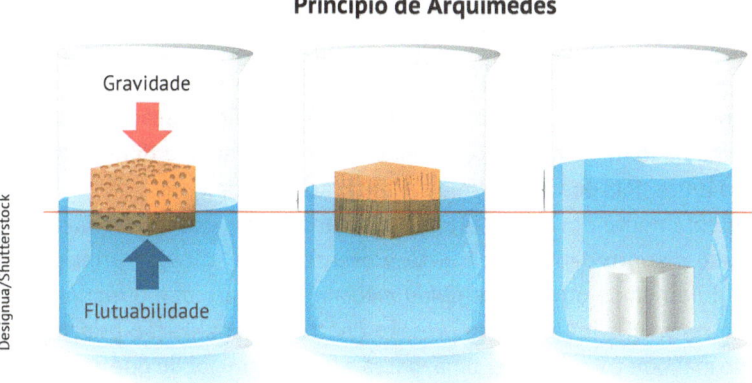

Esse princípio é muito utilizado para que os navios possam flutuar, seja em rios, seja em oceanos, sem que afundem.

2.5 Medidas de pressão

Vários equipamentos foram criados a fim de que seja possível medir a pressão. Entre os equipamentos mais simples, está o **piezômetro**, pequeno tubo transparente que pode ser inserido em uma canalização ou em um recipiente no qual se deseja medir a pressão. Depois de o piezômetro ter sido inserido na canalização, o líquido subirá nele até determinada altura (h), que corresponderá, portanto, à pressão interna da canalização, como podemos observar na Figura 2.7.

Figura 2.7 – Piezômetro

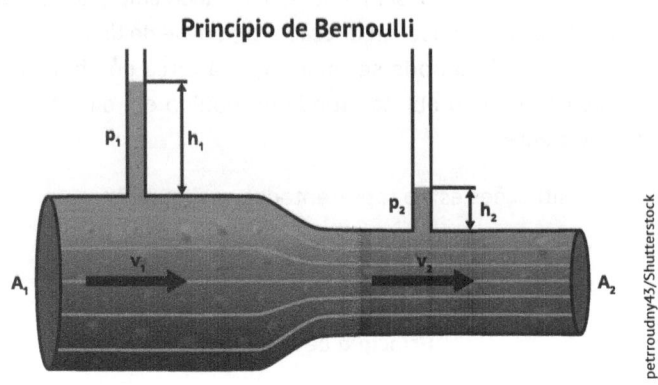

petroudny43/Shutterstock

Outro equipamento bastante utilizado para medir pressão é o tubo em U, chamado de **manômetro**, o qual é usado para medir a diferença de pressão entre dois pontos de uma canalização ou recipiente.

Diferentemente dos piezômetros, nos manômetros deve ser utilizado um fluido distinto daquele que está presente na canalização principal; a esse fluido dá-se o nome de *fluido manométrico*. Para que o manômetro seja sensível à mudança de pressão dentro da canalização principal, o fluido manométrico deve ter uma massa específica maior do que a massa específica do fluido que se encontra na canalização principal. Por exemplo, quando a canalização principal possui ar (ρ_{ar} = 1,225 kg/m³), o fluido manométrico a ser utilizado normalmente é a água (ρ_{H2O} = 1 000 kg/m³), o que demonstra, portanto, que o fluido manométrico – no caso, a água – apresenta uma massa específica praticamente 1 000 vezes maior que a massa específica do fluido na canalização – no caso, o ar.

Os manômetros podem ser abertos, configuração em que uma extremidade fica aberta à atmosfera e a outra conectada ao recipiente em que se deseja medir a pressão. Assim, é possível verificar a diferença de altura manométrica do líquido e encontrar a pressão do recipiente em questão em relação à pressão atmosférica, como apresentado na Figura 2.8.

Hidrostática: pressões e empuxos

Os manômetros também podem ser diferenciais, a fim de se obter a diferença de pressão entre dois pontos em uma canalização. O manômetro é conectado a essa canalização e determina-se a diferença de altura do líquido manométrico, como ilustra a Figura 2.8.

Figura 2.8 – Manômetro aberto e manômetro diferencial

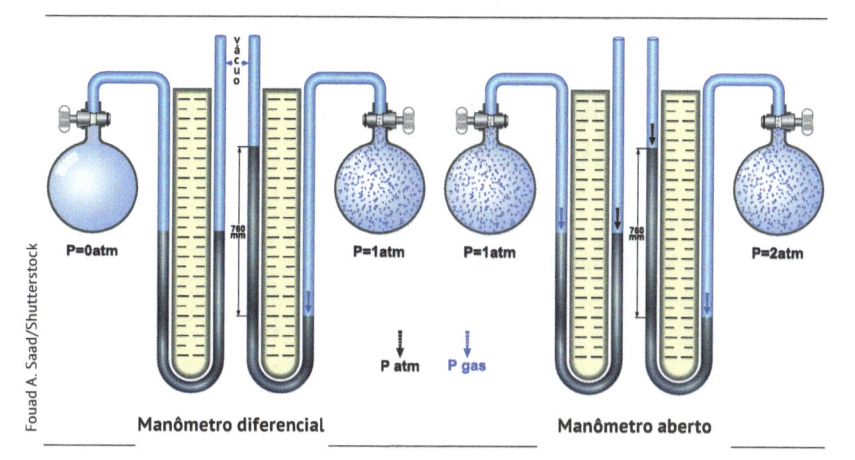

2.6 Pressão sobre superfícies planas

Um dos diversos problemas de engenharia se refere ao projeto de estruturas que interagem com fluidos, devendo resistir às pressões exercidas por estes. Isso ocorre, por exemplo, em projetos de comportas, barragens, tanques, canalizações, entre outros.

Essas superfícies planas estão sujeitas à pressão exercida pelo fluido em toda a sua superfície, formando um sistema de forças paralelas em que, normalmente, deve-se determinar a intensidade da força resultante sobre essa superfície e seu ponto de aplicação, que é chamado de *centro de pressão*.

Analisando-se a pressão sobre uma superfície plana horizontal, como mostrado na Figura 2.9, observa-se que o nível de líquido sobre essa superfície plana se mantém constante. Com isso, aparecem forças de mesma intensidade sendo aplicadas sobre essa superfície plana horizontal. Somando-se todas essas pequenas forças, obtém-se a força resultante sobre essa superfície.

Figura 2.9 – Pressão sobre superfícies planas horizontais

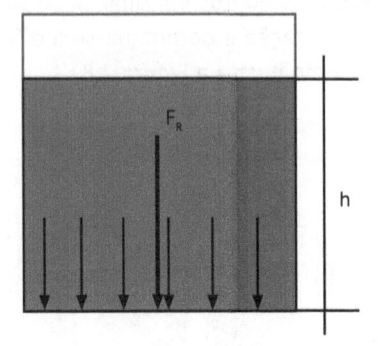

Relembrando a equação da pressão, temos:

$$p = \frac{F}{A} \quad \text{e} \quad p = \gamma \cdot h$$

$$F = p \cdot A, \text{ portanto } F = \gamma \cdot h \cdot A$$

$$F_R = \Sigma F_V, \text{ então } F_R = \gamma \cdot h \cdot A$$

Em que:
- » p – pressão (Pa);
- » F – força (N);
- » A – área da superfície plana horizontal na qual estão sendo aplicadas as forças verticais (m²);
- » γ – peso específico do fluido (N/m³);
- » h – altura de coluna do fluido (m);
- » ΣF_v – somatório das forças verticais que estão sendo aplicadas na superfície plana horizontal (N);
- » F_R – força resultante que atua sobre a superfície plana horizontal (N).

Como, nesse caso, a pressão é constante e uniformemente distribuída ao longo da superfície, a força resultante atua sobre o centroide (centro de gravidade) da área da superfície plana horizontal.

Analisando-se a pressão exercida sobre uma superfície plana vertical, observa-se que esta não é mais uniforme, pois, conforme a profundidade do fluido vai aumentando ao longo dessa superfície, a pressão também aumenta, como é mostrado na Figura 2.10.

Figura 2.10 – Pressão sobre superfícies planas verticais

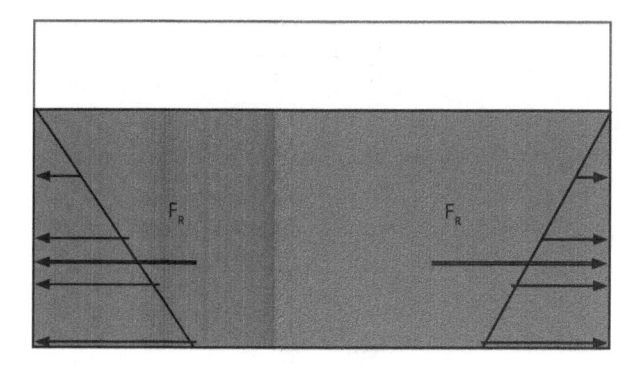

Nesse caso, para determinar a força resultante que atua sobre a superfície vertical plana, pode-se pensar de duas maneiras distintas. Para uma delas, pode-se utilizar a mesma equação já apresentada na situação anterior:

$$F_R = p \cdot A$$

Em que:
» F_R – força resultante que atua na superfície plana vertical (N);
» p – pressão que também está atuando na superfície plana vertical (Pa);
» A – área da superfície vertical plana (m²).

No entanto, nessa situação, a pressão não é mais uniforme em todos os pontos da superfície plana vertical, sendo necessário utilizar uma pressão média a fim de se determinar a força resultante. Assim, a pressão média é dada por:

$$p = p_{média} = \frac{p_0 + p_f}{2} = \frac{p_f}{2}$$

Em que:
» $p_{média}$ – pressão média exercida na superfície plana vertical (Pa);
» p_0 – pressão exercida no topo da superfície plana vertical – no caso, trata-se da pressão atmosférica, que, na maioria das vezes, é desprezada (Pa);
» p_f – pressão exercida no fundo da superfície plana vertical (Pa).

Assim, a força resultante que atua na superfície plana vertical é dada por:

$$F_R = \frac{p_f}{2} \cdot A = \frac{\gamma \cdot h}{2} \cdot A$$

Em que:
- » F_R – força resultante que atua na superfície plana vertical (N);
- » p_f – pressão exercida no fundo da superfície plana vertical (Pa);
- » γ – peso específico do fluido em questão (N/m³);
- » h – altura de coluna de fluido no fundo da superfície plana vertical (m);
- » A – área da superfície plana vertical (m²).

Outra maneira de determinar a força resultante é visualizando um prisma de pressões, como mostrado na Figura 2.11.

Figura 2.11 – Prisma de pressões

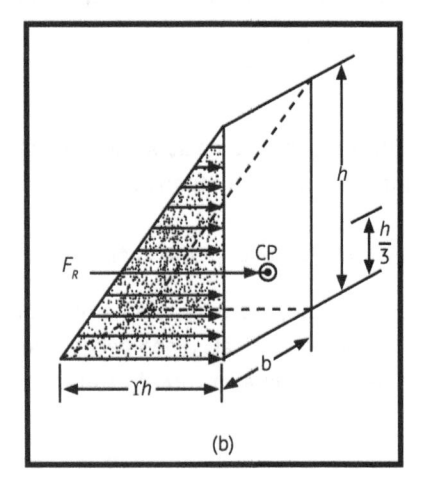

Fonte: Justino, 2012, p. 11

Assim, a força resultante será determinada a partir do volume desse prisma de pressões de acordo com a seguinte equação:

$$F_R = \text{Volume} = \frac{b \cdot h}{2} \cdot \gamma h = A \cdot \gamma h$$

Em que:
- » F_R – força resultante que atua na superfície plana vertical (N);
- » b – comprimento da base do prisma de pressões;
- » h – altura da base do prisma de pressões;
- » Υh – pressão exercida no fundo da superfície plana vertical.

Além disso, o ponto de aplicação da força resultante na superfície plana vertical encontra-se exatamente no centro de pressão do prisma de pressões triangular. Sabe-se que o centro de pressão de um triângulo está localizado a um terço de sua altura. Assim:

$$CP = \frac{h}{3}$$

Em que:
- » CP – centro de pressão no qual a força resultante está sendo aplicada;
- » h – altura do prisma triangular de pressão (m).

Generalizando-se, observa-se que, para qualquer superfície plana, a intensidade da força resultante que atua nessa superfície é igual à pressão exercida no centroide (centro de gravidade) multiplicada pela área dessa superfície, como é mostrado nesta equação:

$$F_R = \gamma \cdot h_c \cdot A$$

Em que:
- » F_R – força resultante que atua na superfície plana vertical (N);
- » Υ – peso específico do fluido em questão (N/m³);
- » h_c – profundidade do centroide (m);
- » A – área da superfície plana vertical (m²).

Contudo, o ponto de aplicação da força resultante (F_R) não se localiza no centroide. Ela atua um pouco abaixo, no centro de pressão. Dessa forma, para determinar a localização do centro de pressão, utiliza-se a seguinte equação:

$$y_{CP} = \frac{I_{xc}}{y_{CG} \cdot A} + y_{CG}$$

Em que:

» y_{CP} – distância do eixo de referência até o centro de pressão (m);
» I_{xc} – momento de inércia da área plana em relação ao eixo que passa pelo centroide de A;
» y_{CG} – distância do eixo de referência até o centro de gravidade (m);
» A – área da superfície plana vertical (m²).

Por conveniência, o prisma de pressões exercido sobre as superfícies planas costuma ser aproximado a figuras geométricas já bastante conhecidas e com seus momentos de inércia já determinados, como mostra a Figura 2.12.

Figura 2.12 – Formas geométricas e seus momentos de inércia

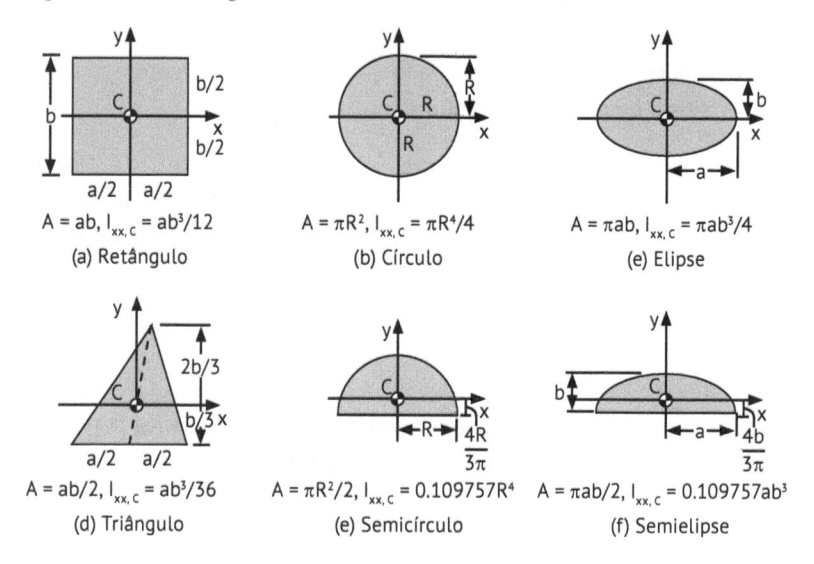

(a) Retângulo: $A = ab$, $I_{xx,c} = ab^3/12$

(b) Círculo: $A = \pi R^2$, $I_{xx,c} = \pi R^4/4$

(e) Elipse: $A = \pi ab$, $I_{xx,c} = \pi ab^3/4$

(d) Triângulo: $A = ab/2$, $I_{xx,c} = ab^3/36$

(e) Semicírculo: $A = \pi R^2/2$, $I_{xx,c} = 0.109757 R^4$

(f) Semielipse: $A = \pi ab/2$, $I_{xx,c} = 0.109757 ab^3$

Fonte: Çengel; Cimbala, 2006, p. 82, tradução nossa.

2.7 Pressão sobre superfícies curvas

Algumas estruturas de comportas, barragens, tanques e outros podem apresentar superfícies curvas. Assim, é importante entender qual é o comportamento da pressão sobre essas superfícies.

Para isso, costuma-se considerar as projeções verticais e horizontais da superfície curva, a fim de facilitar a determinação da pressão sobre essa superfície.

Na Figura 2.13, é apresentada uma barragem com superfície curva. Para determinar a pressão sobre ela, portanto, devem-se fazer projeções verticais e horizontais e avaliar quais forças estão atuando sobre elas.

Figura 2.13 – Superfície submersa curva e as forças que atuam sobre ela

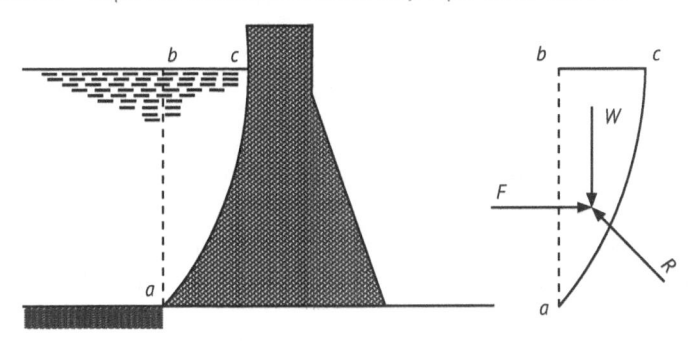

Fonte: Azevedo Netto et al., 1998, p. 39.

As forças que estão atuando na projeção vertical são a força (F_x) exercida pela água presente na barragem e sua reação (R_x); na projeção horizontal estão atuando o próprio peso (W) da água e sua reação (R_y), como indicam as equações a seguir.

$$F_x = R_H$$
$$W = R_V$$

Em que:
» F_x – força exercida horizontalmente na projeção vertical (N);
» R_H – reação à força F_x (N);
» W – peso da própria água exercido sobre a projeção horizontal (N);
» R_V – reação ao peso (N).

Determinando-se as reações na horizontal e na vertical (R_H e R_V), pode-se encontrar a força resultante (F_R), dada pela seguinte equação:

$$F_R = \sqrt{R_H^2 + R_V^2}$$

Em que:
- F_R – força resultante que atua sobre a superfície curva (N);
- R_H – reação que atua sobre a projeção vertical (N);
- R_V – reação que atua sobre a projeção horizontal (N).

Encontradas as reações na vertical e na horizontal (R_H e R_V), é possível determinar a linha de ação da força resultante (F_R), conforme a seguinte equação:

$$tg\theta = \frac{R_H}{R_V}$$

Em que:
- $tg\,\theta$ – tangente do ângulo formado pela linha de ação da força resultante (F_R) e pela reação vertical (R_V);
- R_H – reação que atua sobre a projeção vertical (N);
- R_V – reação que atua sobre a projeção horizontal (N).

Com a determinação do ângulo formado entre a força resultante (F_R) e a reação vertical (R_V), pode-se, posteriormente, encontrar o ponto de aplicação da força resultante (F_R).

Síntese

Neste capítulo, explicamos o que é pressão e como ocorre a atuação dela nos líquidos, além de diferenciarmos os conceitos de pressão absoluta (ou real), a qual considera a pressão atmosférica, e de pressão relativa (ou manométrica), que não contabiliza a pressão atmosférica.

Abordamos, ainda, três importantes princípios e teoremas. O primeiro deles foi o princípio de Pascal, por meio do qual foi possível perceber que qualquer variação de pressão em um ponto no interior de um fluido homogêneo e em equilíbrio se transmite integralmente a todos os pontos do fluido. Esse princípio tem uma aplicação muito grande em nosso dia a dia, pois o utilizamos para o funcionamento de prensas hidráulicas, elevadores hidráulicos, macacos hidráulicos, entre outros.

Na sequência, apresentamos o teorema de Stevin, segundo o qual a pressão em determinado ponto em um fluido será proporcional à coluna de fluido acima desse ponto multiplicada pela massa específica do fluido em questão. Assim, quanto mais profundo estiver o ponto cuja pressão será analisada, maior será a pressão nesse ponto, pois maior será a coluna de fluido acima dele.

O último dos princípios abordados foi o princípio de Arquimedes. Vimos que uma força chamada *empuxo* surge quando determinado objeto é mergulhado em um recipiente cheio de certo fluido e imediatamente este começa a exercer uma força sobre o objeto contrária ao peso deste, isto é, de baixo para cima. Esse princípio é muito importante para que seja possível a navegação de barcos e navios.

Após a apresentação desses princípios e teoremas, destacamos alguns equipamentos específicos capazes de medir a pressão: o piezômetro, o qual se constitui em um tubo de diâmetro pequeno que é inserido na canalização ou recipiente no qual se deseja medir a pressão, e o manômetro, um tubo em U que conecta preferencialmente dois pontos em uma canalização, a fim de que seja possível determinar a diferença de pressão entre eles. A medida de pressão nesses dois equipamentos é realizada da seguinte forma: no piezômetro, faz-se a leitura da altura atingida pelo fluido; no manômetro, faz-se a leitura da diferença de altura ocorrida no fluido manométrico nos dois braços do equipamento.

Por fim, tratamos da pressão sobre superfícies submersas planas e curvas. A força resultante nas superfícies submersas planas é determinada pela pressão exercida no centroide (centro de gravidade) da superfície multiplicada pela área desta, sendo que o ponto de aplicação da força resultante é localizado no centro de pressão dessa superfície. Nas superfícies submersas curvas, o conceito é o mesmo, porém, a fim de facilitar a determinação da força resultante que atua nelas, fazem-se as projeções vertical e horizontal dessa superfície submersa curva.

Para saber mais

TEMA 02: Hidrostática. Experimentos – Princípio de Pascal: elevador hidráulico. Disponível em: <https://www.youtube.com/watch?v=vZLUzu6_xmc>. Acesso em: 15 jan. 2021.

No vídeo desse experimento, é ilustrado o princípio de Pascal. São utilizados alguns pesos e duas seringas de vidro com água com corante e de diâmetros diferentes que estão acopladas por uma mangueira. O aparato mostrado se assemelha a um elevador hidráulico que funciona pelo princípio de Pascal. São colocados pesos sobre uma das seringas de vidro e é possível elevá-los por meio da pressão exercida sobre a outra seringa. A pressão é a mesma nos dois lados da seringa. Sabe-se, também, que a força é o produto da pressão pela área das seringas. Assim, quanto maior for a área, maior será a força exercida pelo êmbolo da seringa. Depois, são colocados 800 g sobre a seringa maior, e a metade dessa massa (400 g) é inserida sobre a seringa menor. Logo, é possível elevar o peso que foi colocado sobre a seringa maior. Essa é, portanto, uma maneira de multiplicar a força usando-se dispositivos hidráulicos, com base no princípio de Pascal.

Questões para revisão

1. O sistema exposto na Figura A, a seguir, está a 20 °C. Se a pressão atmosférica é 101,33 kPa e a pressão no fundo do tanque é de 242 kPa, calcule o peso específico do fluido X, sabendo que Υ_{H2O} = 9 810 N/m³; $\Upsilon_{óleo}$ = 8 720 N/m³; e $\Upsilon_{mercúrio}$ = 133 100 N/m³.

   Figura A – Tanque contendo óleo, água, fluido X e mercúrio a 20 °C

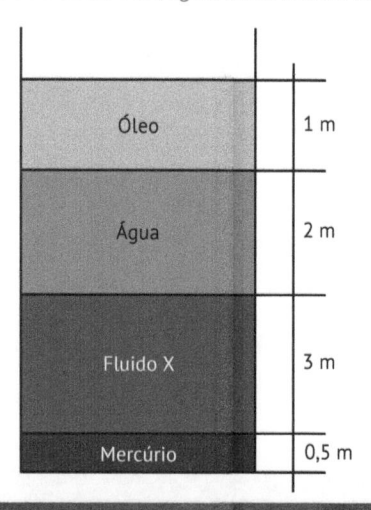

Óleo	1 m
Água	2 m
Fluido X	3 m
Mercúrio	0,5 m

Hidrostática: pressões e empuxos

2. Na Figura B, a seguir, os êmbolos A e B apresentam, respectivamente, áreas de 80 cm² e 20 cm². Desprezando seus pesos, considere o sistema em equilíbrio estático. Sabendo que a massa do corpo colocado em A é igual a 100 kg, determine a massa do corpo colocado em B.

Figura B – Elevador hidráulico com corpos diferentes sobre os êmbolos A e B

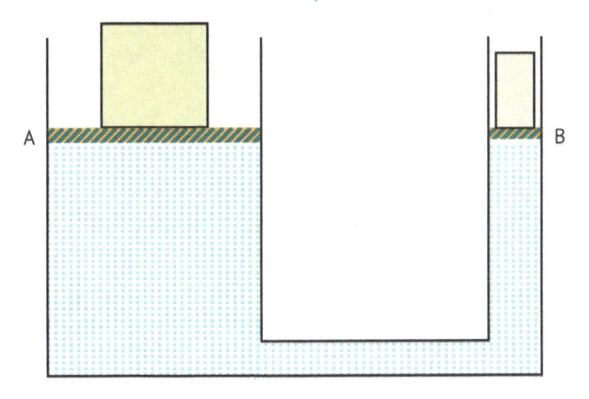

3. Na Figura C, a seguir, todos os fluidos estão a 20 °C. Calcule a diferença de pressão entre os pontos A e B. Dados: $\Upsilon_{água}$ = 9 810 N/m³; Υ_{ar} = 12 N/m³; $\Upsilon_{benzeno}$ = 8 640 N/m³; $\Upsilon_{mercúrio}$ = 133 100 N/m³; $\Upsilon_{querosene}$ = 7 885 N/m³.

Figura C – Sistema composto por manômetros

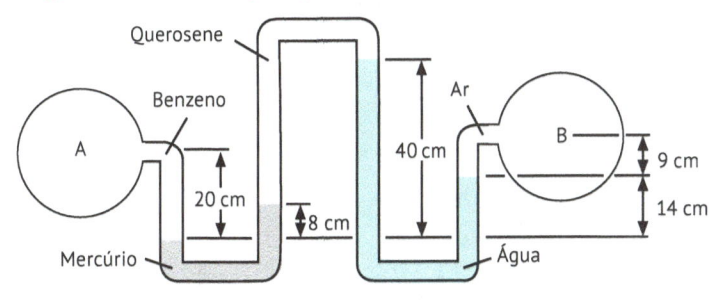

Assinale a alternativa correta:
a. 5 892 Pa.
b. 8 893,68 Pa.
c. 9 899,5 Pa.
d. 6 893,68 Pa.

4. A Figura D, apresentada a seguir, mostra um cubo C em equilíbrio, suspenso por um dinamômetro D, que mede o peso de um objeto. Esse cubo está com a metade de seu volume imerso na água. Considerando que o volume do cubo é $6{,}4 \cdot 10^{-5}$ m³ e seu peso real é 1,72 N, qual é a leitura de peso feita pelo dinamômetro nessa situação? Dados: $\Upsilon_{água} = 9810$ N/m³.

Figura D – Cubo em equilíbrio suspenso por um dinamômetro

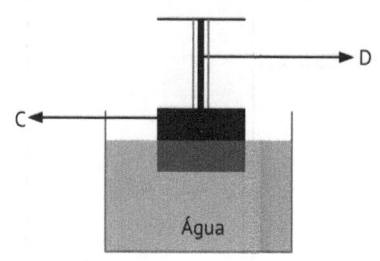

Assinale a alternativa correta:
a. 0,31 N.
b. 1,7 N.
c. 6,4 N.
d. 1,41 N.

5. Uma barragem ABC, mostrada na Figura E, apresenta 30 m de profundidade para dentro do papel e é feita de concreto. Encontre a força hidrostática resultante sobre a superfície AB e seu ponto de aplicação. Dados: $\Upsilon_{água} = 9810$ N/m³.

Figura E – Barragem ABC

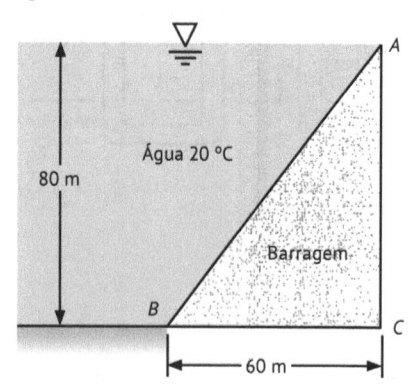

Fonte: White, 2002, p. 112, tradução nossa.

Assinale a alternativa correta:
a. $F_R = 1{,}18 \cdot 10^9$ N; $c_p = 33{,}33$ m.
b. $F_R = 80 \cdot 10^6$ N; $c_p = 80$ m.
c. $F_R = 5 \cdot 10^9$ N; $c_p = 33{,}33$ m.
d. $F_R = 3{,}33 \cdot 10^9$ N; $c_p = 26{,}67$ m.

Questões para reflexão

1. Explique como ocorre o funcionamento de um macaco hidráulico considerando os princípios e teoremas aprendidos neste capítulo.
2. Explique pelo menos uma das aplicações do estudo acerca da pressão sobre superfícies planas e curvas no dia a dia de um profissional da área.

Capítulo 3

Hidrodinâmica

Conteúdos do capítulo:
» Escoamento dos fluidos.
» Vazão ou descarga.
» Classificação dos movimentos.
» Regimes de escoamento.
» Linhas e tubos de corrente.
» Equação da continuidade.
» Equações de energia: teorema de Bernoulli.

Após o estudo deste capítulo, você será capaz de:
1. compreender como se dá o escoamento de fluido;
2. entender o conceito de vazão ou descarga;
3. classificar os tipos de movimentos existentes;
4. determinar os regimes de escoamento;
5. compreender o que são linhas e tubos de corrente;
6. explicar a equação da continuidade e suas aplicações;
7. entender o teorema de Bernoulli e suas aplicações.

3.1 Escoamento dos fluidos

Na hidrodinâmica, estuda-se o movimento dos fluidos. Um fluido em movimento pode se deslocar tridimensionalmente (eixos *x*, *y* e *z*), variando sua velocidade (v) ao longo do tempo (t), além, ainda, da possibilidade de variação da pressão (p) e da massa específica (ρ). Com isso, acaba se tornando um problema bastante complexo compreender por meio de equações como se dá o escoamento de um fluido.

Nesse sentido, é possível solucionar esse problema de duas formas distintas: utilizando-se o método de Lagrange, o qual consiste em acompanhar a partícula que está se movimentando ao longo de sua trajetória, ou utilizando-se o método de Euler, pelo qual se fixa determinado ponto no decorrer do tempo e se estuda como ocorre a variação de todas as grandezas anteriormente mencionadas nesse ponto.

Esse último método é o que será considerado ao longo deste livro, por se tratar de um método mais simples.

3.2 Vazão ou descarga

A vazão se refere ao volume de um líquido que atravessa uma seção em determinado tempo. Assim, a vazão ou descarga será sempre dada por unidade de volume, que pode ser metro cúbico (m³), litro (L) ou qualquer outra unidade de determinação de volume por unidade de tempo, geralmente segundo (s), hora (h) etc. No Sistema Internacional de Unidades (SI), é utilizada a unidade de metro cúbico por segundo (m³/s). A vazão é determinada, portanto, pela seguinte equação:

$$Q = \frac{Vol \; [m^3]}{t \; [s]}$$

Em que:
- » Q – vazão, dada em m³/s;
- » Vol – volume de fluidos que atravessa determinada seção, dado em m³;
- » t – intervalo de tempo, em s.

Hidrodinâmica

3.3 Classificação dos movimentos dos fluidos

Os movimentos dos fluidos podem ser classificados tal como indica a Figura 3.1.

Figura 3.1 – Classificação dos movimentos dos fluidos

```
Movimento ─┬─ Permanente ─┬─ Uniforme
           │              └─ Não uniforme ─┬─ Acelerado
           │                               └─ Retardado
           └─ Não permanente
```

O movimento de um fluido pode ser **permanente**, caso em que força, velocidade e pressão são funções exclusivas do ponto que se está analisando e não dependem do tempo. Já no movimento **não permanente**, tais características podem mudar ao longo do tempo.

Ainda, o movimento permanente pode ser classificado em **uniforme**, caso em que a velocidade média do escoamento permanece constante ao longo da trajetória da partícula do fluido, ou **não uniforme**, quando a velocidade média de uma partícula de um fluido ao longo de sua trajetória aumenta (movimento **acelerado**) ou diminui (movimento **retardado**).

3.4 Regimes de escoamento de fluido

Conhecendo-se o escoamento de determinado fluido, é possível classificá-lo em dois tipos:

I. **Regime laminar**: as trajetórias das partículas de um fluido em movimento são bem definidas, e uma partícula não cruza a trajetória da outra.
II. **Regime turbulento**: ocorre o movimento totalmente desordenado das partículas de um fluido.

Essa diferença entre os regimes pode ser observada na Figura 3.2.

Figura 3.2 – Regimes de escoamento de fluido

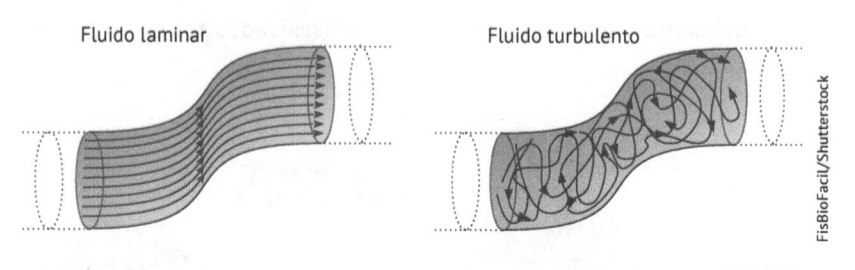

Fluido laminar   Fluido turbulento

FisBioFacil/Shutterstock

Para determinar o regime de um escoamento, utiliza-se o chamado *número de Reynolds*, um número adimensional usado na mecânica dos fluidos para o cálculo do regime de escoamento de determinado fluido dentro de um tubo ou de uma superfície. A equação para a determinação do número de Reynolds é a seguinte:

$$Re = \frac{V \cdot D}{\nu} = \frac{\rho \cdot V \cdot D}{\mu}$$

Em que:
- Re – número de Reynolds, que é adimensional;
- V – velocidade do fluido, em m/s;
- D – diâmetro do tubo, em m;
- ν – viscosidade cinemática do fluido, em m²/s;
- ρ – massa específica do fluido, em kg/m³;
- μ – viscosidade absoluta do fluido, em N·s/m².

Calculado o número de Reynolds, deve-se verificar em qual intervalo este se encontra, a saber:

I. Regime laminar: Re ≤ 2 000.
II. Regime em transição: 2 000 < Re < 4 000.
III. Regime turbulento: Re ≥ 4 000.

3.5 Linhas e tubos de corrente

Linhas de corrente são as linhas orientadas conforme a velocidade de determinado líquido e que não são atravessadas por partículas. São, portanto, linhas que representam as trajetórias das partículas de um fluido.

Hidrodinâmica

Já os tubos de corrente são figuras imaginárias que representam um conjunto de várias linhas de corrente.

Na Figura 3.2, são apresentados também as linhas de corrente e os tubos de corrente do escoamento laminar e do escoamento turbulento.

3.6 Equação da continuidade

Considera-se um líquido incompressível que passa por um tubo, como ilustra a Figura 3.3.

Figura 3.3 – Tubo com diâmetros diferentes em que passa a mesma vazão

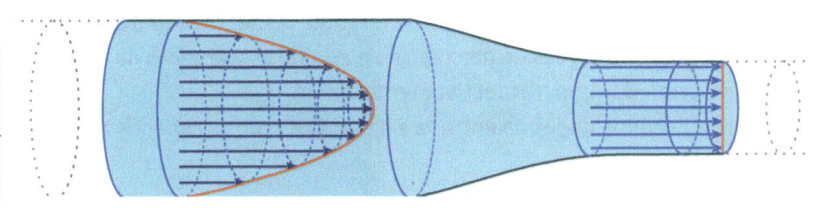

Como pode ser observado, o volume que entra nesse tubo corresponde exatamente ao mesmo volume que sai desse tubo. Assim, qualquer variação de volume que venha a ocorrer na entrada do tubo ao longo do tempo acontecerá também na saída do tubo no mesmo período de tempo, conforme as equações expostas na sequência:

$$Vol_1 = Vol_2 \text{ e } \Delta Vol_1 = \Delta Vol_2$$

$$Q_1 = \frac{\Delta Vol_1}{\Delta t} = \frac{\Delta Vol_1}{\Delta t} = Q_2$$

Como se sabe:

$$Vol = A \cdot \Delta x$$

Assim:

$$\frac{A_1 \cdot \Delta x_1}{\Delta t} = \frac{A_2 \cdot \Delta x_2}{\Delta t}$$

Portanto, como:

$$\frac{\Delta x_1}{\Delta t} = V_1 \text{ e } \frac{\Delta x_2}{\Delta t} = V_2$$

Conclui-se que:
$$A_1 \cdot V_1 = A_2 \cdot V_2$$

Em que:
- » Vol_1 e Vol_2 – volumes na entrada e na saída do tubo, respectivamente, em m^3;
- » ΔVol_1 e ΔVol_2 – variações de volume na entrada e na saída do tubo, respectivamente, em m^3;
- » Δt – variação no tempo, em s;
- » Q_1 e Q_2 – vazões na entrada e na saída do tubo, respectivamente, em m^3/s;
- » A_1 e A_2 – áreas de entrada e saída do tubo, respectivamente, em m^2;
- » Δx_1 e Δx_2 – variações de percurso no eixo x do escoamento na entrada e na saída do tubo, respectivamente, em m;
- » V_1 e V_2 – velocidades na entrada e na saída do tubo, respectivamente, em m/s.

Logo, de acordo com a sequência de equações apresentadas, é possível compreender que a equação da continuidade enuncia que a vazão que entra em determinado tubo é a mesma que sai. Também, conforme a última equação apresentada, nota-se que a velocidade do escoamento é inversamente proporcional à área da seção transversal.

3.7 Equações de energia: teorema de Bernoulli

Quando um fluido está em movimento, são associados três tipos de energia. A primeira delas é a energia potencial ou de posição, a qual representa o estado de energia do sistema devido à sua posição em relação a um plano de referência. Essa energia potencial é dada por:

$$E_p = m \cdot g \cdot h$$

Em que:
- » E_p – energia potencial do fluido;
- » m – massa do fluido em questão;
- » g – aceleração da gravidade;
- » h – altura do objeto em relação a um plano de referência.

Depois, aparece a energia cinética do fluido, também chamada de *energia de velocidade*, que demonstra o estado de energia do fluido determinado pelo movimento deste. O equacionamento dessa energia é dado por:

$$E_c = \frac{m \cdot V^2}{2}$$

Em que:
» E_c – energia cinética do fluido;
» m – massa do fluido em questão;
» V – velocidade do escoamento.

Por fim, aparece a energia de pressão, que corresponde ao trabalho potencial das forças de pressão que atuam no escoamento do fluido.

Assim, a energia total de um fluido, excluindo-se as energias térmicas e levando-se em conta apenas os efeitos mecânicos, é dada pela soma da energia potencial, da energia cinética e da energia de pressão desse fluido, sendo o equacionamento final dado por:

$$E = E_{pr} + E_c + E_p = \frac{p}{\gamma} + \frac{V^2}{2 \cdot g} + z$$

Em que:
» E – energia total do fluido, dada em m;
» p – pressão exercida sobre o fluido, em Pa;
» Υ – peso específico do fluido, em N/m³;
» V – velocidade do escoamento, em m/s;
» g – aceleração da gravidade, em m/s²;
» z – posição do escoamento em relação a um plano de referência, em m.

Essa equação, portanto, enuncia o teorema de Bernoulli, segundo o qual a energia total de um fluido é dada pela soma de sua energia de posição, de velocidade e de pressão.

Esse teorema pode ser usado para fluidos perfeitos, aqueles em que não se considera nenhum tipo de perda de energia ao longo do escoamento. Com efeito, de acordo com o teorema de Bernoulli, para fluidos perfeitos, considera-se que a energia total permanece constante ao longo do escoamento, como é mostrado na Figura 3.4.

Figura 3.4 – Ilustração do Teorema de Bernoulli

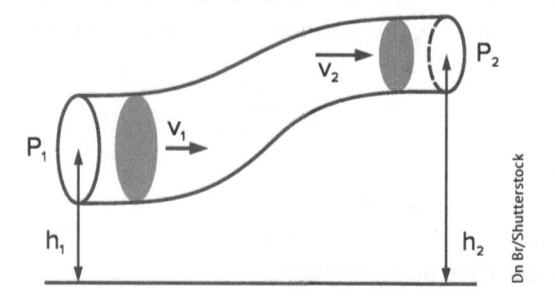

Na imagem, são mostrados dois pontos, 1 e 2, em uma canalização em que há um fluido se movimentando do ponto 1 para o ponto 2. Além disso, tais pontos estão em posições diferentes e em áreas distintas. Assim, considerando-se o teorema de Bernoulli, o equacionamento fica:

$$\frac{p_1}{\gamma} + \frac{V_1^2}{2 \cdot g} + z_1 = \frac{p_2}{\gamma} + \frac{V_2^2}{2 \cdot g} + z_2 = \text{constante}$$

Em que:
- » p_1 e p_2 – pressões na entrada e na saída do tubo, respectivamente, dadas em Pa;
- » γ – peso específico do fluido, em N/m^3;
- » V_1 e V_2 – velocidades do escoamento na entrada e na saída do tubo, respectivamente, dadas em m/s;
- » g – aceleração da gravidade, em m/s^2;
- » z_1 e z_2 (na Figura 3.4, h_1 e h_2) – posições do escoamento na entrada e na saída do tubo, respectivamente, em relação a um plano de referência, dadas em m.

Já para fluidos não perfeitos – os chamados *fluidos reais* –, considera-se que ocorre perda de energia (perda de carga) ao longo do escoamento. O teorema de Bernoulli apregoa que a energia total de um fluido em determinado ponto será igual à energia desse mesmo fluido em um segundo ponto, acrescentando-se as perdas de carga que ocorrem entre esses dois pontos, como mostrado na seguinte equação:

$$\frac{p_1}{\gamma} + \frac{V_1^2}{2 \cdot g} + z_1 = \frac{p_2}{\gamma} + \frac{V_2^2}{2 \cdot g} + z_2 + h_{f_{1-2}}$$

Em que:
- p_1 e p_2 – pressões na entrada e na saída do tubo, respectivamente, dadas em Pa;
- Υ – peso específico do fluido, em N/m³;
- V_1 e V_2 – velocidades do escoamento na entrada e na saída do tubo, respectivamente, dadas em m/s;
- g – aceleração da gravidade, em m/s²;
- z_1 e z_2 – posições do escoamento na entrada e na saída do tubo, respectivamente, em relação a um plano de referência, dadas em m;
- hf_{1-2} – perda de energia (perda de carga) que ocorre entre os pontos de entrada e de saída do tubo, dada em m.

Síntese

Neste capítulo, mostramos como se dá o escoamento dos fluidos, descrevendo todos os tipos possíveis de classificação dos movimentos dessas substâncias.

Além disso, introduzimos o conceito de vazão ou descarga, que nada mais é do que a quantidade de determinado fluido – isto é, seu volume – que atravessa determinada área de um tubo em um tempo específico.

Abordamos, ainda, os regimes de escoamento: o laminar, no qual as partículas do fluido que estão em movimento seguem uma trajetória bem definida e não se cruzam, e o turbulento, em que ocorre um movimento totalmente desordenado dessas partículas. Para a definição do tipo de regime de escoamento, apresentamos o número de Reynolds, número adimensional por meio do qual são analisados a velocidade do escoamento, o diâmetro do tubo e a viscosidade cinemática do fluido, a fim de determinar esse número, verificar em qual intervalo ele se encontra e poder, com isso, classificar o regime de escoamento em laminar ou turbulento.

Vimos também que as linhas de corrente são definidas como as trajetórias das partículas do fluido em movimento e que os tubos representam o conjunto das linhas de corrente.

Na sequência, demonstramos a equação da continuidade, a qual enuncia que a vazão que entra em determinado tubo será a mesma em qualquer ponto deste, bem como será a mesma que sairá do tubo. Como consequência disso, observamos que a velocidade de escoamento de um fluido é inversamente proporcional à sua área. Assim, tubos com grandes diâmetros apresentam velocidades menores do que tubos com diâmetros pequenos.

Por fim, mostramos as equações da energia e o teorema de Bernoulli. Concluímos que um fluido em movimento apresenta três tipos de energia: de pressão, de velocidade (cinética) e de posição (potencial). Esses três tipos somados compõem a energia total de um fluido em movimento. O teorema de Bernoulli, portanto, revela que, para um fluido perfeito (que não sofre perdas de energia ao longo do escoamento), sua energia total é sempre constante. Por sua vez, para um fluido real (que sofre perdas de energia ao longo do escoamento), o mesmo teorema enuncia que a energia em determinado ponto do escoamento será a mesma que no ponto subsequente, acrescida da perda de energia (perda de carga) entre esses dois pontos.

Para saber mais

TEMA 04: Classificando fluidos e escoamentos. Experimentos – Tubo de Pitot. 1º jun. 2016. Disponível em: <https://www.youtube.com/watch?v=yOt778UpXF4>. Acesso em: 15 jan. 2021.

No experimento demonstrado no vídeo, são utilizados uma garrafa PET cortada, um secador de cabelo e uma montagem de um aparato feito de vidro, similar a um tubo de Pitot. O aparato é montado com um pequeno tubo de vidro curvado dentro de um tubo maior. O tubo curvado é ligado a um manômetro, e o outro lado do equipamento é ligado ao tubo maior. A garrafa PET cortada direcionará o vento gerado pelo secador de cabelo.

Hidrodinâmica

Quando o secador é ligado, o ar é direcionado para dentro do tubo maior, atingindo de frente o tubo curvado. Nesse momento, o vento empurra o ar para dentro do tubo curvado, causando diferença nos níveis de água do manômetro. Com isso, pode-se determinar a velocidade do vento por meio da diferença de pressão entre os dois lados do manômetro.

No vídeo, ainda é observado que, quanto maior for a velocidade do vento, maior será a diferença de pressão. Essa relação entre velocidade e pressão é justificada pelo teorema de Bernoulli, segundo o qual há uma proporcionalidade entre as energias de pressão, de velocidade e de posição.

O tubo de Pitot é amplamente utilizado para a medição da velocidade em fluidos – por exemplo, para a medição da velocidade de aviões.

Questões para revisão

1. Calcule o tempo que levará para encher um tambor de 214 L, sabendo que a velocidade de escoamento do líquido é de 0,3 m/s e o diâmetro do tubo conectado é de 30 mm.

2. A velocidade de um líquido no ponto (1) é 2 m/s. Diante disso, sabendo que a pressão manométrica do ponto (2) é 500 000 Pa, calcule a pressão manométrica do ponto (1). A área do ponto (2) corresponde à metade da área do ponto (1). Dados: Υ_{H2O} = 9 810 N/m³.

Figura A – Tubulação contendo um líquido que flui do ponto (1) para o ponto (2)

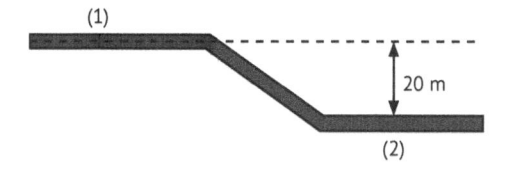

Assinale a alternativa correta:
a. p1 = 309 701,7 Pa.
b. p1 = 307 901,7 Pa.
c. p1 = 217 534,5 Pa.
d. p1 = 223 567,9 Pa.

3. No sistema apresentado na Figura B, está escoando água da seção (1) para a seção (2). A primeira seção tem 25 mm de diâmetro, pressão manométrica de 345 kPa e velocidade média do fluxo de 3 m/s. Já a segunda seção apresenta 50 mm de diâmetro e encontra-se a 2 m sobre a seção (1). Considerando que não existem perdas de energia no sistema, calcule a pressão p_2. Dados: Υ_{H2O} = 9 810 N/m³.

Figura B – Sistema com escoamento de água da seção 1 para a seção .

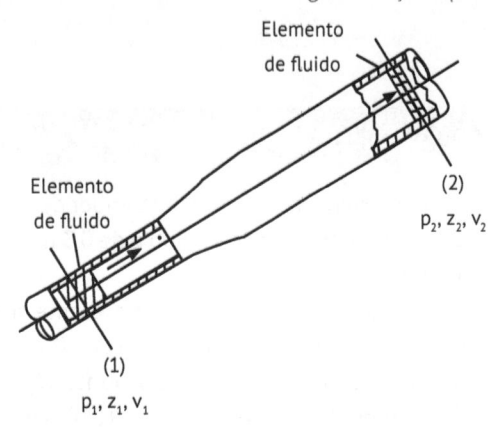

Elemento de fluido

Elemento de fluido

(2)
p_2, z_2, v_2

(1)
p_1, z_1, v_1

Assinale a alternativa correta:
a. p_2 = 254 500,67 Pa.
b. p_2 = 457 879,78 Pa.
c. p_2 = 326 496,42 Pa.
d. p_2 = 496 326,42 Pa.

4. Quais são as energias que compõem a energia total de um fluido em movimento?
    a. Energia mecânica, energia total e energia elétrica.
    b. Energia solar, energia de vazão e energia de posição.
    c. Energia de vazão, energia mecânica e energia de posição.
    d. Energia de pressão, energia de velocidade (cinética) e energia de posição (potencial).

5. O que enuncia a equação da continuidade e qual é uma importante consequência desta?

Hidrodinâmica

Questão para reflexão

1. Explique como ocorre o voo de um avião e qual é sua relação com o teorema de Bernoulli.

Capítulo 4

Escoamento em tubulações: análise dimensional e semelhança mecânica

Conteúdos do capítulo:
- Introdução ao assunto e definições.
- Perdas de carga: contínua e localizada.
- Análise dimensional.
- Semelhança mecânica.

Após o estudo deste capítulo, você será capaz de:
1. compreender o que é escoamento em tubulações;
2. distinguir as perdas de carga (perdas de energia) que ocorrem no escoamento em tubulações;
3. entender o que é e para que serve a análise dimensional;
4. explicar o que é e para que serve a semelhança mecânica na hidráulica.

4.1 Introdução e definições

Na hidráulica, a maior parte dos escoamentos ocorre em tubulações. Normalmente, esses condutos são utilizados para transportar fluidos e costumam apresentar seção circular. Em geral, quando os tubos estão funcionando com suas seções cheias, estão sujeitos a uma pressão maior do que a pressão atmosférica; quando as seções não estão cheias, funcionam como canais com superfície livre, sujeitos à pressão atmosférica.

Muitas vezes, é usada a expressão *conduto forçado*, a qual diz respeito à situação em que o fluido em escoamento está sob uma pressão diferente da pressão atmosférica. Nesse caso, considera-se sempre que a canalização está totalmente cheia e que o conduto está fechado.

Já nos condutos livres, em qualquer ponto a pressão é sempre igual à pressão atmosférica. Além disso, esses condutos sempre funcionam sob a ação da gravidade.

Nas redes de distribuição de água de uma cidade, por exemplo, sempre devem ser utilizados condutos forçados. Por sua vez, rios e canais são os principais exemplos de condutos livres, além de tubulações de esgotos.

4.2 Perdas de carga

A perda de carga, também chamada de *perda de energia*, refere-se ao consumo de energia gasto por um fluido para que este possa escoar e vencer todas as resistências que surgirem ao escoamento. Essa energia perdida ocorre sob a forma de calor. Porém, isso não é estudado a fundo na hidráulica.

Quando um líquido flui de um ponto inicial para um ponto final em uma tubulação, a energia total inicial do fluido é perdida em forma de calor. Quando se analisa a energia no final do tubo, esta não é igual à energia no início desse mesmo tubo. A diferença ocorrida entre a energia no final do escoamento e a energia no início deste é denominada *perda de carga* (h_f).

Sabe-se que as tubulações não são constituídas somente por tubos retos que têm o mesmo diâmetro. Existem muitas peças especiais e conexões que podem ser utilizadas: curvas, joelhos, válvulas, registros, reduções, entre outras. Essas peças especiais e conexões elevam a turbulência do escoamento, provocando atritos, e causam choques entre as partículas do fluido, gerando, assim, mais perdas de carga ao escoamento.

A fim de facilitar o estudo das perdas de carga, estas foram divididas em dois tipos:

I. **Perda de carga contínua ou distribuída**: ocorre pela resistência da tubulação ao movimento do fluido. Considera-se que essa perda é uniforme em qualquer trecho da tubulação. Assim, é diretamente proporcional ao comprimento da tubulação de diâmetro constante.

II. **Perda de carga localizada ou acidental**: ocorre pela presença de peças especiais ou conexões. Em canalizações curtas, essas perdas são bastante importantes; já nas canalizações mais longas, são consideradas desprezíveis quando comparadas às perdas contínuas ocorridas.

A perda de carga total que acontece em determinada tubulação se dá pela soma das perdas de carga contínua e localizada nessa tubulação.

4.2.1 Perda de carga contínua ou distribuída

Existem diversos fatores que podem influenciar a perda de carga contínua em uma tubulação, entre os quais estão: o comprimento e o diâmetro da tubulação, a velocidade média do escoamento e a rugosidade do material que compõe as paredes da tubulação.

Com relação ao comprimento da tubulação, quanto maior for o comprimento desta, mais tempo o fluido resistirá ao escoamento. Logo, o comprimento da tubulação é diretamente proporcional à perda de carga contínua que ocorre nela.

Quanto à relação existente entre o diâmetro da tubulação e a perda de carga contínua, deve-se considerar que em um tubo com diâmetro grande as partículas do fluido em escoamento terão mais espaço livre para percorrer sem a interferência do atrito causado pelas paredes da tubulação, o que não ocorre em tubos com diâmetros menores, em que praticamente todas as partículas do tubo serão impactadas pela resistência da tubulação ao escoamento. Com isso, o diâmetro de um tubo é inversamente proporcional à perda de carga contínua.

Quando se analisa a velocidade de um escoamento, pode-se perceber intuitivamente que, quanto maior for a velocidade desse escoamento, maior será sua perda de carga contínua. Portanto, a velocidade de escoamento é diretamente proporcional à perda de carga contínua que ocorre na tubulação.

Por fim, o material que compõe a tubulação é bastante importante na determinação da perda de carga. Existem tubos compostos por materiais mais ou menos rugosos, e é essa rugosidade que confere maior ou menor perda de carga contínua ao escoamento. Tubos de vidro, por exemplo, apresentam pouca rugosidade; já tubos de ferro têm uma rugosidade maior. Assim, uma tubulação de vidro apresentará menor perda de carga contínua do que uma tubulação de ferro.

Além disso, é essencial analisar também a idade das tubulações: quanto mais velhos são os tubos, maior dificuldade apresentam no transporte do fluido e, consequentemente, maior perda de carga contínua. Com o passar dos anos e o contato direto do fluido na tubulação, esta pode apresentar corrosões ou incrustações, diminuindo o espaço livre para o deslocamento do fluido, em comparação com o início do escoamento, causando maior atrito do fluido ao longo deste.

Diversas são as fórmulas para a determinação da perda de carga contínua: fórmula de Darcy-Weisbach (conhecida como *fórmula racional* ou *universal*); fórmula de Hazen-Williams; fórmula de Flamant; fórmula de Fair-Whipple-Hsiao, entre outras.

A **fórmula universal** é uma das mais utilizadas e é definida pela seguinte equação:

$$h_f = f \cdot \frac{L \cdot V^2}{2 \cdot g \cdot D}$$

Em que:
- » h_f – perda de carga contínua, dada em m;
- » f – coeficiente de atrito do escoamento, que é função da rugosidade do tubo, da viscosidade e da massa específica do fluido, da velocidade do escoamento e do diâmetro do tubo – esse valor pode ser obtido de tabelas e gráficos e é adimensional;
- » L – comprimento do tubo, em m;
- » V – velocidade do escoamento, em m/s;
- » g – aceleração da gravidade, em m/s²;
- » D – diâmetro do tubo, dado em m.

Outra fórmula bastante utilizada é a de **fórmula de Hazen-Williams**, principalmente para o dimensionamento de sistemas de abastecimento de água e de coleta de esgoto. Essa fórmula pode ser utilizada para tubulações com diâmetro acima de 50 mm e abaixo de 3 500 mm, e sua equação é:

$$J = \frac{h_f}{L} = \frac{10,643}{D^{4,87}} \cdot \left(\frac{Q}{C}\right)^{1,85}$$

Em que:
- » J – perda de carga unitária – isto é, o quanto foi perdido de carga para cada metro de tubulação –, dada em m/m;
- » h_f – perda de carga, em m;
- » L – comprimento da tubulação, dado em m;
- » D – diâmetro do tubo, dado em m;
- » Q – vazão transportada no tubo, dada em m³/s;
- » C – coeficiente de atrito de Hazen-Williams, sendo este função principalmente do material da tubulação – pode ser obtido de tabelas e gráficos e é adimensional.

Neste livro, as outras equações citadas não serão apresentadas em detalhes, por não serem tão utilizadas em hidráulica.

4.2.2 Perda de carga localizada ou acidental

A perda de carga localizada também é conhecida como *perda de carga acidental*, *singular* ou *secundária*. É assim chamada por ocorrer em pontos específicos da tubulação, ao contrário do que acontece na perda de carga contínua.

Portanto, tais perdas se dão na presença das chamadas *peças especiais*, como curvas, válvulas, registros, bocais, reduções e ampliações, como ilustra a Figura 4.1.

Figura 4.1 – Foto de tubulação com várias conexões, como curva de 90°, válvulas e registros, que causam perdas de carga localizadas

Alex Stemmer/Shutterstock

Para determinar as perdas de carga localizadas, pode-se utilizar uma equação genérica, mostrada a seguir:

$$h_f = K \cdot \frac{V^2}{2 \cdot g}$$

Em que:
» h_f – perda de carga localizada, dada em m;
» K – coeficiente de perda de carga localizada, que varia conforme a peça e pode ser obtido de tabelas – é adimensional;
» V – velocidade do escoamento, em m/s;
» g – aceleração da gravidade, em m/s².

Outra possibilidade de determinação das perdas de carga localizadas é utilizar o método dos comprimentos virtuais. Nesse método, analisa-se a perda de carga de uma tubulação com diversas peças especiais, equivalendo a uma tubulação retilínea de comprimento maior. Assim, o método adiciona ao comprimento real da tubulação comprimentos virtuais que correspondem à mesma perda de carga que as peças especiais causariam.

Cada peça especial tem um comprimento retilíneo de tubo que equivale à perda de carga da peça, chamado de *comprimento virtual*. Essas perdas podem, então, ser determinadas pela fórmula universal (Darcy-Weisbach).

As perdas de cargas localizadas são importantes em canalizações curtas ou que incluam um grande número de peças especiais, como é o caso das instalações prediais e industriais, dos encanamentos de recalque e dos condutos forçados das usinas hidrelétricas.

4.3 Análise dimensional

A análise dimensional permite que uma equação seja adequadamente determinada, mas sem levar a resultados numéricos.

Para isso, é utilizado o teorema de Buckingham, o qual enuncia que, se existe uma relação entre M variáveis físicas, x_i, descritas por N variáveis fundamentais, então existe uma relação funcional entre M − N de grupos adimensionais π_i, formados a partir das variáveis físicas.

As unidades são expressas utilizando-se apenas quatro grandezas básicas ou categorias fundamentais:

» massa [M];
» comprimento [L];
» tempo [T];
» temperatura [θ].

Essas quatro grandezas básicas representam as dimensões primárias e podem ser utilizadas para representar qualquer outra grandeza. Trata-se, portanto, de uma simplificação de um problema físico empregando-se a homogeneidade dimensional para reduzir o número de variáveis que serão analisadas.

Por isso, a análise dimensional é bastante útil para apresentar e interpretar dados experimentais, resolver problemas de difícil solução, estabelecer a importância de determinado fenômeno e fazer modelagem física.

Se a relação de grandezas primárias é unitária, o grupo é denominado *adimensional*.

O número de Reynolds, por exemplo, é considerado adimensional:

$$Re = \frac{\rho \cdot V \cdot D}{\mu} = \frac{[ML^{-3}] \cdot [LT^{-1}] \cdot [L]}{[ML^{-1}T^{-1}]} = 1$$

A massa específica (ρ) é dada em kg/m³. Portanto, nas grandezas básicas, fica como ML^{-3}. A velocidade (V) é dada em m/s, representada como LT^{-1}. O diâmetro é dado em m, representado por L. A viscosidade dinâmica ou absoluta (μ), dada em kg/m·s, fica representada por $ML^{-1}T^{-1}$.

4.4 Semelhança dinâmica

Problemas de hidráulica dificilmente são resolvidos somente pela interpretação de equações ou métodos, em razão da complexidade dos fenômenos. A forma mais usual de solucionar tais problemas é pela execução de experimentos normalmente em escala menor do que a observada na prática. Por exemplo, obras hidráulicas há muito tempo vêm sendo construídas em modelo reduzido; com esse modelo, procura-se compreender como as estruturas funcionarão quando estiverem prontas. Assim, para poder ser feita a comparação entre o modelo reduzido e o que ocorrerá na estrutura pronta, é utilizada a semelhança dinâmica.

A semelhança de um modelo pode ser de três tipos:

I. **Semelhança geométrica**: chamada de *semelhança de forma*, refere-se a dimensões, áreas e volumes.
II. **Semelhança cinética**: apresenta movimentos similares, quando dois fluxos de diferentes escalas geométricas têm o mesmo formato de linhas de corrente.
III. **Semelhança dinâmica**: corresponde à similaridade de forças e ocorre quando dois sistemas que apresentam os valores absolutos das forças, em pontos equivalentes, estão em uma razão fixa.

Síntese

Neste capítulo, mostramos o que é o escoamento em tubulações – que está sujeito a uma pressão diferente da pressão atmosférica – e o diferenciamos do escoamento em canais livres – sujeito à pressão atmosférica.

Também explicamos o conceito de perda de carga, que consiste na energia que um fluido perde ao longo de determinado escoamento. Essa perda de carga pode ser de dois tipos: perda de carga contínua, que ocorre pelo atrito do fluido ao longo da tubulação, e perda de carga localizada, que se dá pontualmente em peças especiais e conexões inseridas ao longo da tubulação.

Abordamos, ainda, os métodos de determinação desses dois tipos de perdas, sendo que, para a determinação da perda de carga contínua, apresentamos as fórmulas universal e a de Hazen-Williams e, para a determinação da perda de carga localizada, mostramos uma equação genérica em que é utilizado um coeficiente de perda de carga localizada K, que é diferente para cada peça especial, e o método dos comprimentos virtuais.

Por fim, esclarecemos o que são a análise dimensional e a semelhança mecânica, bastante utilizadas na hidráulica, pois, para resolver a maior parte dos problemas da área, são empregados modelos reduzidos ou, ainda, experimentos e, para comparar os resultados destes com o que ocorrerá na prática, recorre-se a essas duas abordagens.

Para saber mais

AZEVEDO NETTO, J. M.; FERNÁNDEZ, M. F. y. **Manual de hidráulica**. 9. ed. São Paulo: Blücher, 2015.

Nesse livro, os autores trazem explicações mais detalhadas a respeito da determinação da perda de carga pelo método dos comprimentos virtuais. Na Tabela A-7.8.12-a, presente no capítulo "Escoamento em tubulações", são mostrados os comprimentos equivalentes a perdas localizadas de diversos tipos de conexões existentes, como curvas de 90°, curvas de 45° e tê de passagem direta, expressos em metros (m) de canalização retilínea. Assim, de acordo com o diâmetro externo ou interno da tubulação com que se está trabalhando, é possível determinar o comprimento equivalente da conexão desejada. Por exemplo, de acordo com a tabela, o comprimento equivalente de um tê de saída lateral, para uma canalização de PVC que tem um diâmetro externo 20 mm e um diâmetro interno de 17 mm, é de 2,5 m. Isso significa que a perda de carga dessa conexão é a mesma perda de carga de um tubo que tem um comprimento de 2,5 m.

Questões para revisão

1. Qual é a principal diferença entre o escoamento em tubulações e o escoamento em canais livres?
2. O que provoca a perda de carga localizada?
   a. O atrito do fluido ao longo da tubulação.
   b. A idade da tubulação.
   c. O tipo de material da tubulação.
   d. As peças especiais e conexões que compõem a tubulação.
3. O que provoca a perda de carga contínua?
   a. As peças especiais e as conexões que compõem a tubulação.
   b. O atrito do fluido ao longo da tubulação.
   c. A idade da tubulação.
   d. O tipo de material utilizado na tubulação.
4. Uma tubulação de ferro fundido dúctil com 1 800 m de comprimento e 300 mm de diâmetro nominal descarrega em um reservatório 60 L/s. Calcule a diferença de nível entre a represa e o reservatório, considerando as perdas de carga. Verifique o quanto as perdas localizadas representam de perda por atrito ao longo da tubulação (em %). Há na linha apenas duas curvas de 90°, duas de 45° e duas válvulas de gaveta (abertas).

Figura A – Sistema composto por represa e reservatório

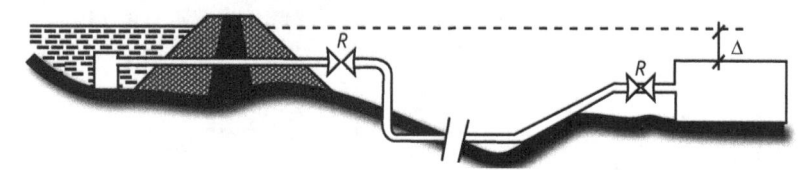

Fonte: Azevedo Netto et al., 1998, p. 129.

Assinale a alternativa correta:
   a. Diferença de nível (h_f) = 7,38 m, e as perdas localizadas representam 10% das perdas por atrito.
   b. Diferença de nível (h_f) = 0,134 m, e as perdas localizadas representam 67% das perdas por atrito.

c. Diferença de nível (h_f) = 5,38 m, e as perdas localizadas representam 1% das perdas por atrito.

d. Diferença de nível (h_f) = 7,514 m, e as perdas localizadas representam 1,82% das perdas por atrito.

5. Analise as perdas localizadas no ramal de 20 mm que abastece o chuveiro de uma instalação predial. Identifique qual é a porcentagem dessas perdas em relação à perda por atrito ao longo do ramal.

Figura B – Instalação predial de um chuveiro

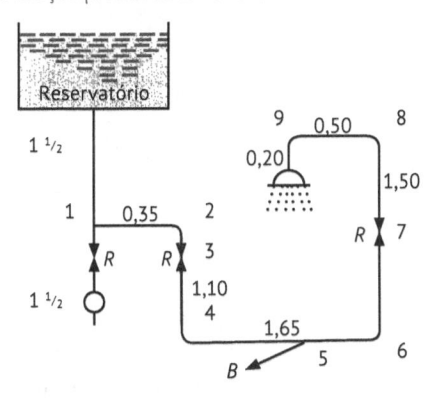

Fonte: Azevedo Netto et al., 1998, p. 131.

Questão para reflexão

1. Com base no que foi visto neste capítulo sobre perdas de carga, reflita a respeito da importância de determinar essas perdas em condutos longos e em condutos curtos.

Capítulo 5

Cálculo de tubulações sob pressão

Conteúdos do capítulo:

- » O método empírico e a multiplicidade de fórmulas.
- » Critério para a adoção de uma fórmula.
- » Método científico: fórmula universal.
- » Fórmula de Hazen-Williams.

Após o estudo deste capítulo, você será capaz de:

1. compreender o que é o método empírico e as fórmulas existentes para o cálculo de tubulações sob pressão;
2. entender quais critérios devem ser levados em consideração para adotar uma fórmula;
3. compreender o método científico, bem como suas vantagens e desvantagens;
4. explicar a fórmula de Hazen-Williams, bem como suas vantagens e desvantagens.

5.1 O método empírico e a multiplicidade de fórmulas

Como mencionamos no capítulo anterior, na temática referente à fórmula universal, é necessário inserir um coeficiente de atrito (f) que nem sempre pode ser usado em mais de uma situação, o que torna a utilização dessa fórmula mais trabalhosa.

Assim, tem-se buscado desenvolver equações empíricas em que possam ser utilizados dados observados na prática, lançados em gráficos para facilitar a resolução desses problemas de hidráulica.

Uma das fórmulas empíricas mais importantes é a fórmula de Hazen-Williams, que apresenta bons resultados historicamente e é bastante simples de ser utilizada.

As fórmulas empíricas, contudo, apresentam algumas limitações. Muitas vezes, só é possível aplicá-las ao líquido e à temperatura em que foram feitos os experimentos, além de sempre considerarem que o escoamento é turbulento, o que, na prática, ocorre na maioria das vezes, sendo raras as exceções.

Cabe observar que, na hidráulica, há mais de cem fórmulas para o cálculo de tubulações sob pressão.

5.2 Critério para a adoção de uma fórmula

É importante que a adoção de uma fórmula seja feita com base no conhecimento completo de sua origem, considerando-se quais são suas limitações. Só assim será possível ter mais segurança na escolha da fórmula a ser adotada.

Sob essa ótica, neste capítulo, apresentaremos mais detalhadamente a fórmula universal e a fórmula de Hazen-Williams, demonstrando em especial suas limitações.

5.3 Método científico: fórmula universal

A fórmula de Darcy-Weisbach, ou fórmula universal, foi a primeira a considerar a natureza e o estado das paredes da tubulação. Trata-se da seguinte fórmula:

$$h_f = f \cdot \frac{L \cdot V^2}{2 \cdot g \cdot D}$$

Essa equação pode usada com qualquer líquido em escoamento (água, óleos, gasolina, entre outros), o que demonstra sua versatilidade.

Já apresentada anteriormente, ela é constituída pelo coeficiente de atrito (f), que é função do número de Reynolds e da rugosidade relativa, isto é, da relação entre a espessura da parede do tubo e o diâmetro deste. Como o número de Reynolds classifica o regime de escoamento em laminar ou turbulento, a determinação do coeficiente de atrito também é feita em função do tipo de regime de escoamento admitido.

Assim, no regime laminar, com Re < 2 000, no qual o escoamento é calmo e regular, com as partículas do fluido tendo trajetórias retilíneas bem definidas, para determinar o coeficiente de atrito (f), deve-se utilizar a seguinte equação:

$$f = \frac{64}{Re}$$

Em que:
» f – coeficiente de atrito, adimensional;
» Re – número de Reynolds, adimensional.

Nesse caso, portanto, observando-se a equação, nota-se que a perda de carga nos escoamentos em regime laminar ocorre somente em razão das características do próprio escoamento, como velocidade (V), diâmetro da tubulação (D) e características do fluido, como a viscosidade cinemática (v), sendo que tal perda é totalmente independente da rugosidade da parede do tubo.

Já no escoamento em regime turbulento, este é agitado, com as partículas do fluido em movimento desordenado, sendo diferente em tubos lisos e tubos rugosos.

Quanto ao escoamento em regime turbulento em tubos lisos, o físico húngaro Theodore von Kármán estabeleceu a seguinte fórmula, relacionando os valores de f e de Re:

$$\frac{1}{\sqrt{f}} = 2 \cdot \log\left(Re \cdot \sqrt{f}\right) - 0,8$$

Essa equação é válida somente para tubos lisos. Por sua vez, para tubos rugosos que funcionam na zona de turbulência completa, o engenheiro e físico alemão Johann Nikuradse desenvolveu a seguinte equação:

$$\frac{1}{\sqrt{f}} = 1,74 + 2 \cdot \log\left(\frac{D}{2 \cdot e}\right)$$

Em que :
» D – diâmetro do tubo;
» e – espessura da parede desse tubo.

Já para a zona compreendida entre o caso dos tubos lisos e a zona de turbulência completa, o físico britânico Cyril Frank Colebrook propôs a seguinte equação:

$$\frac{1}{\sqrt{f}} = -2 \cdot \log\left[\frac{e}{3,7 \cdot D} + \frac{2,51}{Re \cdot \sqrt{f}}\right]$$

Para resolver a equação de Colebrook, foram desenvolvidos diagramas como o de Rouse e o de Moody.

O emprego da fórmula universal tem se ampliado bastante, mas ainda existem muitos engenheiros que não se sentem seguros em usá-la, principalmente quando os tubos já estão sujeitos aos processos de envelhecimento. A normatização nacional indica o uso da fórmula universal para o cálculo de adutoras de sistema de distribuição de água, mas, na prática, acaba ficando a critério do projetista qual fórmula utilizar, já que ele detém o conhecimento da metodologia de trabalho e de cálculo do engenheiro autor do projeto.

5.4 Fórmula de Hazen-Williams

Após um estudo cuidadoso de vários dados estatísticos de mais de trinta pesquisadores, Allen Hazen e Gardner Stewart Williams propuseram a seguinte equação:

$$J = 10{,}643 \cdot Q^{1,85} \cdot C^{-1,85} \cdot D^{-4,87}$$

Em que:
» J – perda de carga unitária, dada em m/m;
» Q – vazão, dada em m²/s;
» C – coeficiente de rugosidade de Hazen-Williams, adimensional;
» D – diâmetro do tubo, dado em m.

Essa equação ainda pode ser escrita em função da velocidade:

$$V = 0{,}355 \cdot C \cdot D^{0,63} \cdot J^{0,54}$$

Em que:
» V – velocidade do escoamento, dada em m/s.

Trata-se de uma fórmula elaborada com base em um estudo estatístico que contou com vários dados experimentais, utilizando-se distintos materiais nas tubulações. Além disso, o coeficiente C reflete quase exclusivamente a natureza das paredes das tubulações. Com a grande aceitação da fórmula, foram determinados muitos valores de C para os diversos materiais usados nas tubulações e, também, para condições de envelhecimento de tais materiais.

Portanto, é uma fórmula que pode ser aplicada a qualquer tipo de tubulação e de material. Suas limitações têm relação com o diâmetro das tubulações, sendo restrita a diâmetros entre 50 mm e 3 500 mm, e com a velocidade de escoamento, servindo para escoamento com velocidade de até 3 m/s.

Para utilizar essa fórmula, é importante promover uma escolha criteriosa do coeficiente C, levando-se em consideração a idade da tubulação. Foram determinados, portanto, valores de C de acordo com a idade das tubulações, a fim de tornar os resultados ainda mais satisfatórios.

Síntese

Neste capítulo, explicamos o que é uma fórmula empírica e ressaltamos que existem diversas fórmulas para o cálculo de tubulações sob pressão. A escolha de qual delas adotar, porém, deve ser feita de maneira criteriosa, com base nos fundamentos da fórmula escolhida e em suas principais limitações.

Ainda, apresentamos em mais detalhes a fórmula universal, que, como o próprio nome sugere, é universalmente utilizada para qualquer fluido e diâmetro de tubo, mas que tem a limitação de não possibilitar a adequada avaliação do envelhecimento dos tubos.

Também abordamos a fórmula empírica mais utilizada na hidráulica, de Hazen-Williams, que apresenta uma aplicação bastante simples. Diferentemente da universal, por meio dela é possível analisar como o envelhecimento dos tubos afeta o escoamento. Contudo, tal fórmula se limita a tubulações de diâmetro entre 50 mm e 3 500 mm e com velocidade de escoamento até de 3 m/s.

Para saber mais

AZEVEDO NETTO, J. M.; FERNÁNDEZ, M. F. y. **Manual de hidráulica**. 9. ed. São Paulo: Blücher, 2015.

Nesse livro, os autores abordam detalhadamente as fórmulas universal e de Hazen-Williams. É interessante observar as tabelas com os valores do coeficiente de atrito f usados na fórmula universal para tubos novos de ferro fundido e aço (lisos), para tubos usados de ferro fundido e de aço sem revestimento permanente e para tubulações de concreto (ásperos) de acordo com seus diâmetros nominais. São apresentadas, também, tabelas com os valores do coeficiente C de Hazen-Williams para águas a 20 °C de acordo com o material e a idade das tubulações. Por fim, os autores trabalham os diagramas de Rouse e de Moody, também mencionados neste capítulo.

Questões para revisão

1. Qual é a principal limitação da fórmula universal para a determinação da perda de carga? Explique.
2. Quais são as limitações da fórmula de Hazen-Williams para a determinação da perda de carga?
3. Determine o diâmetro de um tubo de PVC para as condições do esquema exposto na Figura A. Considere os seguintes dados: a vazão transportada é de 5 L/s; o comprimento do tubo é de 650 m; a perda de carga (desnível do terreno) é de 65 m; e o coeficiente de rugosidade da Hazen-Williams é 140 (tubo de PVC).

Figura A – Sistema composto por um tubo de PVC e um reservatório

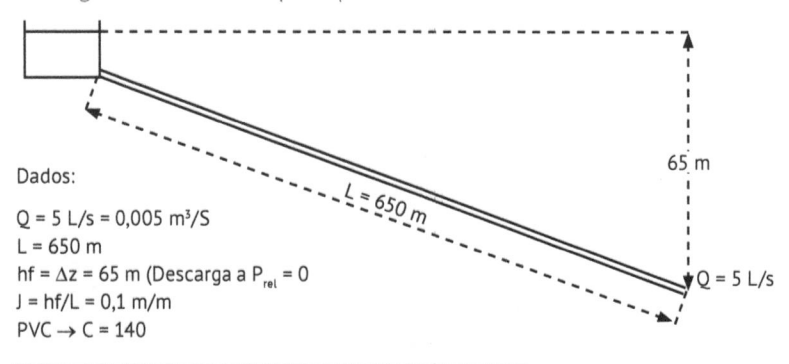

Dados:
Q = 5 L/s = 0,005 m³/S
L = 650 m
hf = Δz = 65 m (Descarga a P_{rel} = 0)
J = hf/L = 0,1 m/m
PVC → C = 140

Assinale a alternativa correta:
a. D = 0,065 m.
b. D = 0,01 m.
c. D = 0,053 m.
d. D = 0,075 m.

4. Por um tubo gotejador com diâmetro de 0,8 mm passa uma vazão de 1 L/h (água a 20 °C), com perda de carga de 15 m. Calcule a velocidade de escoamento e o número de Reynolds e verifique o regime de escoamento e o comprimento do tubo. Considere os seguintes dados: viscosidade cinemática da água ($v_{água}$) = 1,01 · 10^{-6} Pa/s. Depois, assinale a alternativa correta:
a. V = 5,33 m/s; Re = 4 356; regime turbulento; L = 4,44 m.
b. V = 0,55 m/s; Re = 533; regime laminar; L = 5,33 m.
c. V = 0,146 m/s; Re = 15 589; regime turbulento; L = 435 m.
d. V = 0,55 m/s; Re = 435,6; regime laminar; L = 5,33 m.

5. Uma tubulação de aço rebitado, com 0,30 m de diâmetro e 300 m de comprimento, conduz 130 L/s de água a 20 °C. Determine a velocidade média e a perda de carga. Considere os seguintes dados: f = 0,038; $v_{água}$ = 1,01 · 10^{-6} Pa/s. Na sequência, assinale a alternativa correta:
a. V = 1,84 m/s; h_f = 6,55 m.
b. V = 6,55 m/s; h_f = 1,84 m.
c. V = 3,24 m/s; h_f = 7,55 m.
d. V = 5,74 m/s; h_f = 2,55 m.

Questão para reflexão

1. Explique o que ocorre nas tubulações ao longo dos anos.

Capítulo 6

Condutos forçados: posição dos encanamentos, cálculo prático, materiais e considerações complementares

Conteúdos do capítulo:
» Linha de carga e linha piezométrica.
» Posição das tubulações em relação à linha de carga.
» Perda de carga unitária, declividade e desnível disponível.
» Materiais empregados nas tubulações sob pressão.
» Diâmetros e classes de pressão comerciais dos tubos.

Após o estudo deste capítulo, você será capaz de:
1. entender o que são as linhas de carga e piezométrica, qual é a principal diferença entre elas e como traçá-las;
2. reconhecer as possíveis posições das tubulações em relação à linha de carga e como isso influencia o escoamento;
3. compreender a relação existente entre perda de carga unitária, declividade e desnível disponível;
4. reconhecer os principais materiais empregados nas tubulações sob pressão, suas vantagens e desvantagens;
5. explicar o que são os diâmetros e classes de pressão comerciais dos tubos e como determiná-los.

6.1 Linha de carga e linha piezométrica

A linha de carga é uma linha imaginária que representa as três energias (cargas) de um escoamento: de velocidade, de pressão e de posição.

Por sua vez, a linha piezométrica é uma linha imaginária que representa a carga de pressão e a posição do escoamento, isto é, corresponde à altura que o líquido subiria se um piezômetro tivesse sido instalado na tubulação. É também chamada de *linha de pressões*.

A principal diferença entre as linhas de carga e piezométrica é que na primeira há a consideração da carga de velocidade, o que não ocorre na segunda. Consequentemente, a linha piezométrica sempre se localizará abaixo da linha de carga em uma representação esquemática dessas linhas em uma tubulação.

Para a construção das linhas de carga e piezométrica, observe o exemplo da Figura 6.1.

Figura 6.1 – Escoamento em uma tubulação com vários piezômetros demonstrando a aplicação das linhas de energia e piezométrica

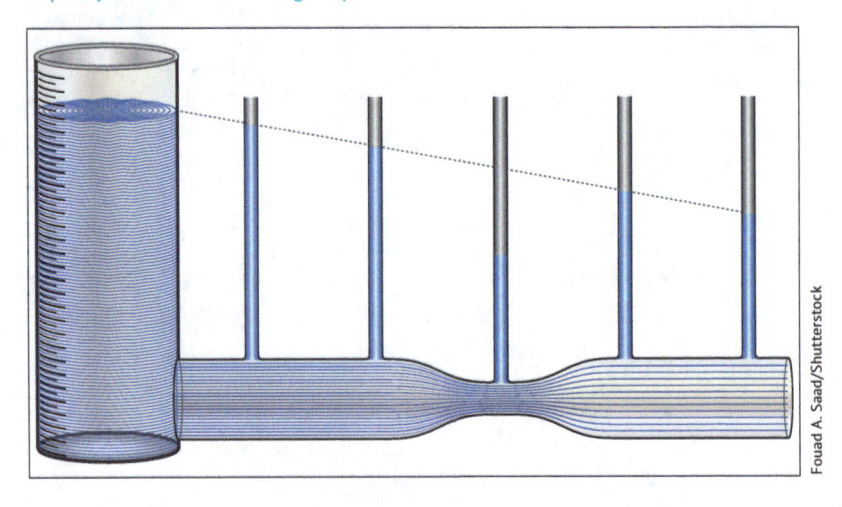

Fouad A. Saad/Shutterstock

No esquema, há um escoamento que se inicia em um reservatório e segue um tubo conectado a esse recipiente. Ao longo desse tubo, ocorre um estreitamento do diâmetro e, logo após, novamente um alargamento deste. Existem cinco piezômetros instalados ao longo do tubo que está conectado ao reservatório, os quais têm a função de medir a pressão do escoamento nesses pontos específicos. Na imagem também está representada uma linha pontilhada, sendo esta a linha de energia do escoamento.

A linha de energia começa, portanto, na superfície livre de água do reservatório inicial. Logo após a conexão do tubo ao reservatório inicial, observa-se no primeiro piezômetro que a pressão diminuiu (o nível de água no piezômetro está menor do que no reservatório) e, com efeito, a linha de energia decresceu. Isso ocorreu primeiramente em razão da perda de carga localizada inserida pela conexão do tubo ao reservatório e, em seguida, por conta da perda contínua ocorrida pelo atrito da água na tubulação até o primeiro piezômetro.

Observando-se o segundo piezômetro, é possível perceber que novamente houve uma redução de pressão e o decrescimento da linha de energia, em virtude da perda de carga contínua pelo atrito da água na parede do tubo.

Na sequência, há um estreitamento no diâmetro da tubulação, e o piezômetro inserido nesse estreitamento indica uma pressão ainda mais baixa que a do anterior, mas a linha de energia segue decrescendo gradativamente e nesse ponto não acompanhou o nível de água do piezômetro. A esse respeito, é importante notar que, por conta do estreitamento da área de escoamento, houve um aumento na velocidade deste, justificado pela equação da continuidade. Para que continue havendo um equilíbrio entre as energias de escoamento, ocorre uma grande redução da pressão no escoamento nesse ponto, de acordo com o teorema de Bernoulli. Já a linha de energia segue decrescendo gradativamente, por conta das perdas de carga localizadas (estreitamento brusco de seção) e contínuas (atrito da água na parede do tubo).

No piezômetro, após o alargamento da seção, percebe-se que o nível de água (pressão) aumentou em relação ao anterior e a linha de energia segue decrescendo gradativamente, agora coincidindo com o nível de água no piezômetro. O que ocorre nesse ponto é que há um alargamento da seção (aumento da área) e, consequentemente, uma redução na velocidade do escoamento. Como ocorre essa redução, para que a energia se mantenha em equilíbrio, há um aumento da pressão no escoamento, observado pelo nível de água superior desse piezômetro em relação ao anterior.

Por fim, no último piezômetro, a pressão é a menor de todas, e a linha de energia se encontra em seu menor nível. A diminuição de pressão e de energia nesse piezômetro se deu em virtude da perda de carga contínua gerada pelo atrito da água na tubulação entre os dois piezômetros.

É importante ressaltar que, nessa figura, as perdas de carga localizadas decorrentes das conexões não foram expressas pontualmente, mas gradativamente junto às perdas de carga contínuas. Para uma maior precisão no traçado da linha de energia, as perdas de carga localizadas devem ser traçadas pontualmente nos locais em que são inseridas.

No entanto, na prática, geralmente a diferença existente entre as duas linhas é desprezada. Isso ocorre principalmente pelo fato de que a velocidade da água é limitada, sendo normalmente considerada uma velocidade média de 0,9 m/s. Essa velocidade média resultaria em uma carga de velocidade de:

$$\frac{V^2}{2 \cdot g} = \frac{0,9^2}{2 \cdot 9,81} = 0,04 \text{ m} = 4 \text{ cm}$$

Esse valor é considerado desprezível para a maior parte dos projetistas. Em estudos da área, é frequente admitir a coincidência das linhas de carga total e piezométrica. Quando essa consideração é feita, utiliza-se a denominação *linha de carga total*.

6.2 Posição das tubulações em relação à linha de carga

Na sequência, analisaremos diferentes traçados de canalizações ligando dois reservatórios mantidos em níveis constantes e explicaremos como esses traçados podem afetar o escoamento. Consideraremos, ainda, uma tubulação suficientemente longa, chamada de *adutora*, com funcionamento por gravidade, de forma que possam ser desprezadas as perdas de carga localizadas, compostas de um único material e com diâmetro constante. Pelos motivos explicados anteriormente, estabeleceremos a coincidência entre a linha de carga e a linha piezométrica.

No sistema analisado, levaremos em conta dois planos de carga: um que considera a pressão atmosférica, conhecido como *plano de carga absoluto*, e outro que não a considera e que se refere ao nível de água do reservatório de montante, chamado de *plano de carga efetivo*.

Examinaremos, assim, sete situações de diferentes traçados da canalização. A primeira delas é a condição ideal buscada pelo engenheiro projetista, na qual a tubulação é assentada totalmente abaixo da linha de carga efetiva, tendo carga positiva de pressão em todas as suas seções. Para um ponto qualquer N da tubulação apresentada na Figura 6.2, a seguir, define-se:

- » N1 é a carga estática absoluta, coincidente com o plano de carga absoluto;
- » N2 é a carga dinâmica absoluta, coincidente com a linha de carga absoluta;
- » N3 é a carga estática efetiva, coincidente com o plano de carga efetivo;
- » e, por fim, N4 é a carga dinâmica efetiva, coincidente com a linha de carga total efetiva.

Na prática, procura-se, sempre que possível, manter a tubulação 4 m abaixo da linha piezométrica.

Figura 6.2 – Posição 1: tubulação assentada totalmente abaixo da linha de carga efetiva

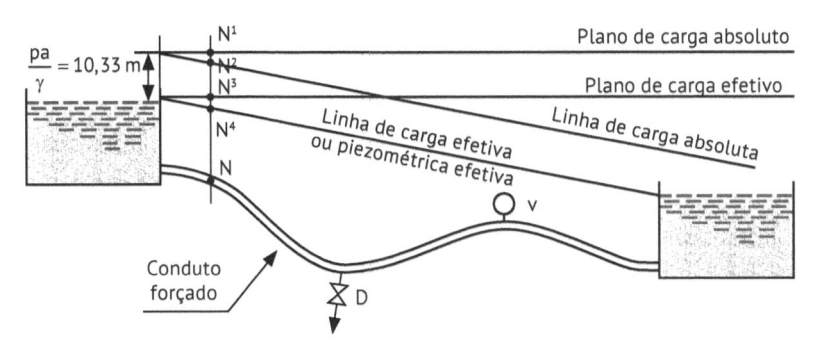

Fonte: Azevedo Netto et al., 1998, p. 208.

Com a tubulação nessa posição, a perda de carga total entre os dois reservatórios será igual ao desnível topográfico, isto é, à diferença de cotas do nível dos reservatórios. Em uma adutora que liga dois reservatórios, é importante que haja registros de controle na saída e na entrada dos reservatórios.

Nessa posição, devem ser previstas descargas com válvulas de bloqueio, para que se possam executar a limpeza e o esvaziamento da tubulação periodicamente. Já nos pontos mais altos, devem ser instaladas ventosas, que têm o objetivo de promover a extração automática do ar que pode ficar acumulado no tubo. Pelo fato de a pressão na tubulação ser maior do que a pressão atmosférica, as ventosas apresentarão um bom funcionamento. Os pontos baixos das tubulações são chamados de *sifões invertidos*.

Na sequência, apresentamos a segunda posição (Figura 6.3), na qual a adutora está localizada coincidentemente junto à linha de carga total efetiva, tendo, portanto, carga dinâmica efetiva nula. Esse caso ocorre especificamente nos condutos livres. Assim, para um bom funcionamento do escoamento nas tubulações, deve-se, preferencialmente, projetá-las de acordo com essas duas primeiras posições apresentadas; caso contrário, o funcionamento não será satisfatório.

Figura 6.3 – Posição 2: adutora localizada coincidentemente junto à linha de carga total efetiva

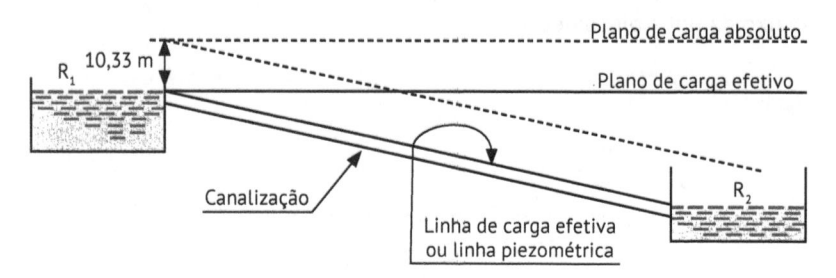

Fonte: Azevedo Netto et al., 1998, p. 209.

A Figura 6.4, que indica a terceira posição, apresenta parte da tubulação passando acima da linha de carga total efetiva, mas abaixo da linha de carga total absoluta. Nessa situação, o escoamento se tornará irregular entre os pontos A e B, pois a pressão efetiva nesse trecho assume valor negativo, sendo difícil evitar a formação de bolsas de ar. As ventosas nesse caso não funcionariam, pois, pelo fato de a pressão atmosférica ser maior do que a pressão no tubo, entraria mais ar na tubulação. Nesse caso, portanto, seria necessário fazer a escorva (remoção do ar acumulado) para que o sistema funcionasse corretamente. Se realmente houver necessidade desse traçado, no ponto mais alto deverá ser instalado um pequeno reservatório aberto para a atmosfera, denominado *caixa de passagem*. Ainda, a adutora deverá ser dividida em dois trechos de diâmetros diferentes, sendo o diâmetro da adutora de montante até a caixa de passagem maior do que o diâmetro da caixa de passagem até o reservatório de jusante. Além disso, a caixa de passagem deve ter registros na entrada e na saída, a fim de que a vazão seja compatibilizada nos dois trechos.

Figura 6.4 – Posição 3: canalização passa acima da linha piezométrica efetiva, mas abaixo da piezométrica absoluta

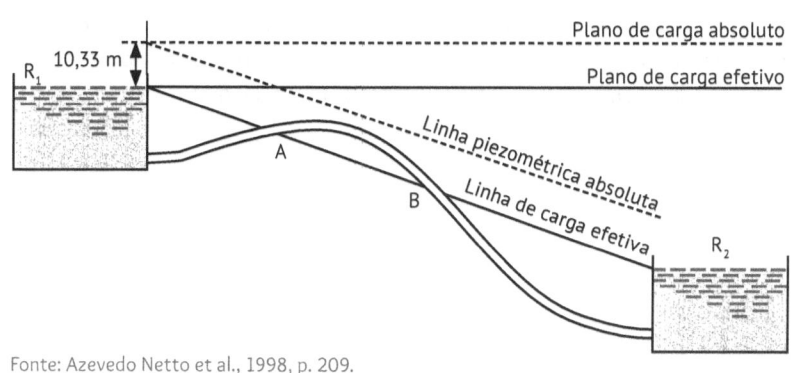

Fonte: Azevedo Netto et al., 1998, p. 209.

Na quarta posição (Figura 6.5), a situação é ainda mais desfavorável ao bom funcionamento do sistema, pois a tubulação corta a linha de carga total absoluta, ficando somente abaixo do plano de carga efetivo. A ideia nesse caso é novamente a utilização de uma caixa de passagem e também o dimensionamento da adutora com diâmetros diferentes, a fim de amenizar a influência do traçado da tubulação no escoamento, o qual funcionará de duas maneiras distintas, indo do reservatório a montante até o ponto alto da tubulação com escoamento sob a carga reduzida que corresponde a esse ponto e daí para o reservatório a jusante, sob o efeito da ação da carga que restou.

Figura 6.5 – Posição 4: canalização corta a linha piezométrica absoluta, mas fica abaixo do plano de carga efetivo

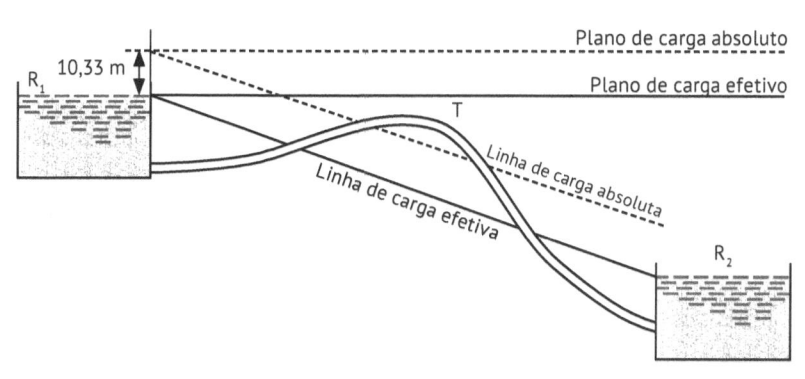

Fonte: Azevedo Netto et al., 1998, p. 210.

Na quinta posição, ilustrada na Figura 6.6, a tubulação corta a linha de carga total efetiva e também o plano de carga efetivo, ficando abaixo da linha de carga total absoluta. Essa situação é chamada de *sifão verdadeiro*, funcionando sob condições bastante instáveis, sendo necessária a escorva da tubulação sempre que entrar ar, bem como para que o sistema inicie seu funcionamento.

Figura 6.6 – Posição 5: canalização corta a linha piezométrica e o plano de carga efetivo, mas fica abaixo da linha piezométrica absoluta

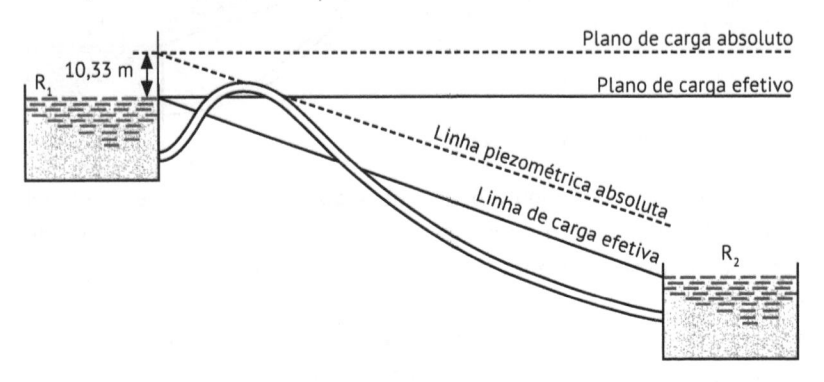

Fonte: Azevedo Netto et al., 1998, p. 210.

A sexta posição (Figura 6.7) mostra a tubulação acima do plano de carga efetivo e da linha de carga absoluta, porém abaixo do plano de carga absoluto. É, novamente, mais um sifão verdadeiro, porém em condições ainda mais instáveis do que na quinta posição. Algumas vezes, tais condições podem acontecer na prática, em condições específicas, sendo necessários dispositivos mecânicos que façam a escorva da tubulação.

Figura 6.7 – Posição 6: canalização acima do plano de carga efetivo e da linha piezométrica, mas abaixo do plano de carga absoluto

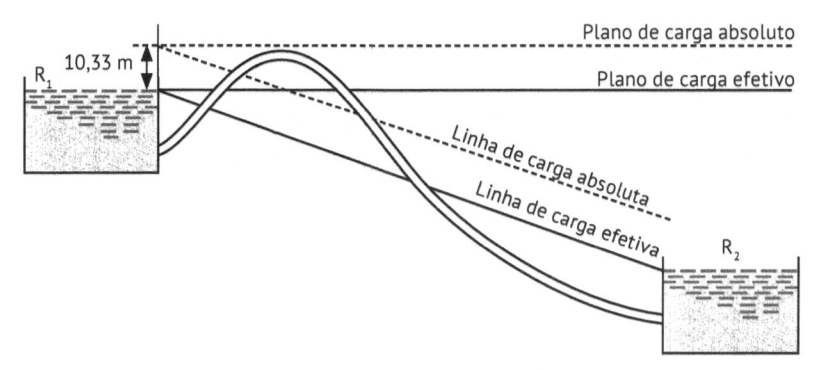

Fonte: Azevedo Netto et al., 1998, p. 211.

Por fim, a sétima posição apresenta uma situação em que a tubulação corta o plano de carga absoluto, conforme indica a Figura 6.8. Nesse caso, não é possível o escoamento ocorrer por gravidade, sendo necessária a utilização de bombas que façam o recalque da água no primeiro trecho.

Figura 6.8 – Posição 7: canalização corta o plano de carga absoluto

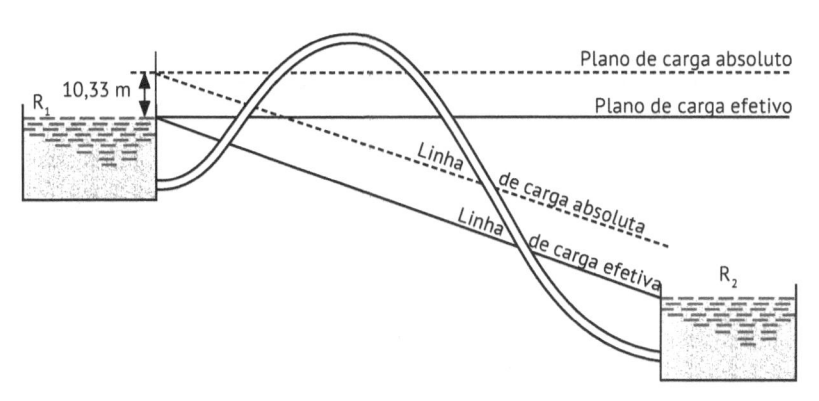

Fonte: Azevedo Netto et al., 1998, p. 211.

6.3 Perda de carga unitária, declividade e desnível disponível

Em hidráulica, normalmente, considera-se a perda de carga total igual ao desnível topográfico do terreno, pois em vários problemas a ideia é utilizar toda a diferença de nível do terreno entre dois pontos para o transporte de água, sendo que o objetivo principal é sempre a economia na execução do projeto. Assim, em adutoras por gravidade, o intuito é promover a máxima perda de carga disponível, a fim de se utilizar o menor diâmetro possível na tubulação, sendo este o mais econômico.

Entretanto, é importante saber que nem sempre esse aproveitamento total do desnível do terreno é desejável para o transporte de água, como nos casos de um sistema de distribuição de água, em que deve ser mantida uma determinada pressão ao longo da rede de distribuição, e de um sistema de geração de energia elétrica, em que o ideal é que haja o mínimo possível de perda de carga na tubulação.

6.4 Materiais empregados nas tubulações sob pressão

Entre os materiais mais empregados nas tubulações estão os metálicos, como o aço-carbono soldado, o aço inoxidável, o cobre, o chumbo, o ferro galvanizado e o ferro fundido dúctil.

Os tubos de aço-carbono soldado são os mais competitivos para diâmetros maiores e nas maiores pressões, mas são mais propensos à corrosão do que os tubos de ferro fundido dúctil, sendo necessário que seja feita uma boa proteção química (pintura) e catódica. Eles estão disponíveis em qualquer diâmetro e qualquer classe de pressão.

Os tubos de aço inoxidável são mais utilizados em instalações prediais e industriais específicas, em circuitos de comando hidráulico e em estações de tratamento de água (ETAs).

Já os de cobre são usados em instalações de água quente, além de instalações prediais e industriais.

Os tubos de chumbo já não vêm mais sendo utilizados há algumas décadas. Os de ferro galvanizado são mais usados em circuitos de ar comprimido, de gás e em instalações específicas, mas caíram em desuso nas instalações prediais.

Por fim, os de ferro fundido dúctil são os mais competitivos para diâmetros entre 300 mm e 1 200 mm, sendo esse o material mais tradicional empregado em sistemas de abastecimento de água e o que tem menor custo de instalação, além de ser mais resistente à corrosão do que o aço.

Outros materiais bastante utilizados nas instalações são os plásticos, como o cloreto de polivinil rígido, os polietilenos de alta ou baixa densidade e de baixa densidade armado e o polipropileno.

Os tubos de cloreto de polivinil rígido vêm sendo os mais usados em tubos de até 250 mm de diâmetro comercial e pressão de até 120 mca (metros de coluna de água). Porém, não devem ser expostos ao sol, por apresentarem alterações químicas. Os mais comuns dessa classe são os tubos de policloreto de vinila (PVC), por serem de fácil montagem, não necessitando de proteção externa nem interna.

Os tubos de polietileno de alta densidade vêm sendo cada vez mais usados nos sistemas de distribuição de água urbanos, por apresentarem condições bastante favoráveis.

Por sua vez, os tubos de polipropileno são utilizados para água quente em instalações prediais e industriais, e os de polietileno de baixa densidade e de polietileno de baixa densidade armado são comumente usados em mangueiras e instalações em que há a necessidade de flexibilidade.

Por fim, há a classe dos tubos de compostos inorgânicos, como os de concreto armado e os de cimento-amianto. Os tubos de concreto armado são, em sua maioria, tubos de aço de parede fina, reforçados interna e externamente com concreto armado e protendido, e sua fabricação normalmente é feita por encomenda. Já os tubos de cimento-amianto estão em desuso.

Existem vários outros materiais que podem ser empregados na fabricação das tubulações. Aqui, apresentamos apenas os mais utilizados e conhecidos.

6.5 Diâmetros e classes de pressão comerciais dos tubos

Quando se calculam o diâmetro de uma tubulação e a espessura de parede, raramente na prática existem tubulações nas condições calculadas. O que existe no mercado são tubos fabricados em determinados padrões. Portanto, é função do engenheiro avaliar se utilizará um tubo com diâmetro e pressão ligeiramente inferiores ou superiores aos calculados.

Geralmente, recomenda-se a adoção de tubos imediatamente superiores aos calculados.

Os tubos são produzidos conforme rigorosas normas técnicas, podendo ser intercambiáveis, sem que devam ficar restritos a apenas um fornecedor. É importante, ainda, compatibilizar todos os acessórios aos tubos que serão usados.

O usuário deve conhecer, também, o material e o processo de fabricação dos tubos, pois alguns fabricantes podem considerar o diâmetro nominal (DN) dos tubos muito próximo do diâmetro útil ou interno, enquanto outros se referem ao DN como o diâmetro externo. Além disso, deve-se ter ciência de que, ao longo do tempo, os tubos e as conexões sofrem pequenas alterações, sendo importante realizar uma consulta ao catálogo dos produtos fornecidos pelos fabricantes.

Síntese

Neste capítulo, abordamos a temática referente às linhas de carga e piezométrica, bem como a diferença existente entre ambas e como traçá-las em um sistema de tubulação. A principal diferença entre elas é o fato de que a linha de carga considera as três energias que compõem um escoamento (pressão, velocidade e posição), enquanto a linha piezométrica não leva em conta a energia de velocidade.

Posteriormente, apresentamos sete posições possíveis de um sistema de tubulação com dois reservatórios – um a montante e outro a jusante – em relação à linha de carga, analisando o funcionamento do escoamento nessas sete posições.

Descrevemos, ainda, os materiais mais comumente empregados na fabricação dos tubos, sendo eles: os metálicos (principalmente os de aço e ferro), os plásticos (principalmente os de cloreto de polivinil rígido, os de polietileno e os de polipropileno) e os de compostos inorgânicos, como os de concreto armado e cimento-amianto.

Por fim, destacamos a importância de se conhecerem os diâmetros e as classes de pressão comerciais existentes para os tubos.

Para saber mais

MANUAL DO MUNDO. **Água que se multiplica**: experimento de física + mágica. 12 jan. 2016. Disponível em: <https://manualdomundo.uol.com.br/experiencias-e-experimentos/agua-que-se-multiplica/>. Acesso em: 15 jan. 2021.

No experimento presente nessa indicação, são utilizadas uma caixa de papelão, uma mangueira, uma garrafa PET e cola quente. A parte superior da garrafa é cortada e, depois, a mangueira é inserida até o fundo do corpo da garrafa PET e conectada a esta por meio da cola quente. Após isso, a garrafa de água é colocada sobre a caixa de papelão e preenchida com água até faltar um dedo para que esta chegue ao fim da curva da mangueira. É adicionado corante a essa água, para melhor visualização. Em seguida, é despejado um copo de água dentro da garrafa e, nesse momento, toda a água sai da garrafa pela mangueira, enchendo outro recipiente situado mais abaixo da garrafa. O experimento é explicado pelo efeito sifão, em que a água desce de um lugar para o outro passando por um ponto ainda mais alto do que esses dois lugares (de onde ela saiu e de onde ela chegou). Esse efeito é bastante utilizado na hidráulica.

Questões para revisão

1. Explique o que são as linhas de carga (energia) e piezométrica e qual é a principal diferença entre elas.
2. Das posições de tubulações apresentadas neste capítulo, qual é a posição ótima para tubulação (aquela em que o escoamento funcionará da melhor maneira possível)? Explique.
3. Calcule a vazão que escoa por um conduto de ferro fundido usado (C = 90), de 200 mm de diâmetro, desde um reservatório na cota de 200 m até outro reservatório na cota zero. O comprimento do conduto é de 10 000 m. Calcule também a velocidade.

Figura A – Sistema composto por dois reservatórios conectados por um tubo de ferro fundido usado

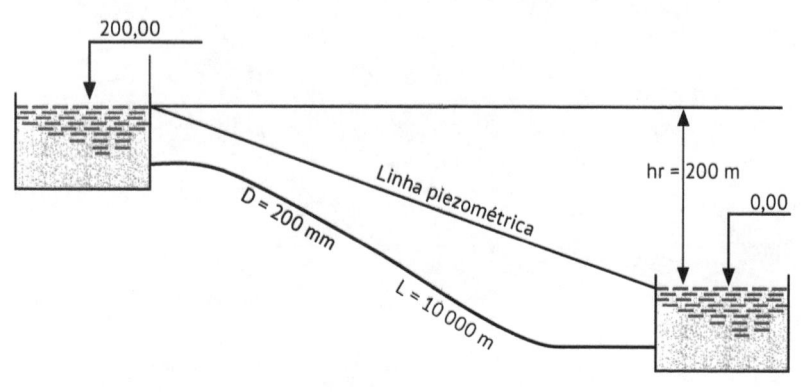

200,00

D = 200 mm

Linha piezométrica

L = 10 000 m

hr = 200 m

0,00

Assinale a alternativa correta:
a. Q = 1,4 m³/s; V = 0,044 m/s.
b. Q = 4,4 m³/s; V = 1,4 m/s.
c. Q = 0,044 m³/s; V = 1,4 m/s.
d. Q = 2,4 m³/s; V = 5 m/s.

4. Considere um conduto de diâmetro nominal de 0,6 m que transporta uma vazão de 800 L/s. Calcule a perda de carga e a velocidade do escoamento. Trata-se de um tubo de aço com 20 anos de uso (C = 100). O comprimento do conduto é de 10 000 m. Depois, assinale a alternativa correta:
a. h_f = 267 m; V = 0,016 m/s.
b. h_f = 168 m; V = 2,83 m/s.
c. h_f = 283 m; V = 1,68 m/s.
d. h_f = 867 m; V = 5,68 m/s.

5. Deseja-se transportar 1 200 L/s de água com a velocidade de 1 m/s. Calcule o diâmetro e a perda de carga. Considere a rugosidade de C = 100. O comprimento da tubulação é de 500 m. Depois, assinale a alternativa correta:
a. D = 1,42 m; h_f = 0,25 m.
b. D = 1,25 m; h_f = 0,42 m.
c. D = 2,42 m; h_f = 2,25 m.
d. D = 1,24 m; h_f = 0,52 m.

Questão para reflexão

1. Reflita por que na maioria dos problemas gerais de hidráulica é desprezada a diferença que ocorre entre as linhas de energia e piezométrica.

Capítulo 7

Estações elevatórias, bombas e linhas de recalque

Conteúdos do capítulo:

- » Principais tipos de bombas.
- » Conceitos importantes relacionados às bombas.
- » Bombas trabalhando em série e em paralelo.
- » Estações elevatórias.
- » Energia disponível no líquido na entrada da bomba.
- » Canalização de recalque.
- » Escolha de uma bomba.

Após o estudo deste capítulo, você será capaz de:

1. identificar os principais tipos de bombas e suas especificidades;
2. compreender os principais conceitos relacionados a estações elevatórias, bombas e linhas de recalque;
3. entender como se dá o funcionamento de bombas que estejam trabalhando em série e em paralelo;
4. explicar o que são estações elevatórias e quais são suas finalidades;
5. entender o conceito de NPSH e sua importância;
6. reconhecer o que é uma canalização de recalque e como dimensioná-la;
7. explicar todos os passos que devem ser seguidos para a escolha de uma bomba para determinada finalidade.

7.1 Principais tipos de bombas

Bombas são equipamentos mecânicos que fornecem energia ao fluido com o objetivo de elevar sua posição ou aumentar sua velocidade, sempre transformando e/ou produzindo trabalho mecânico. Assim, um conjunto composto por motor, bomba, tubulação e acessórios é chamado de *bombeamento*.

Existem bombas dos mais variados tipos, sendo as principais as de deslocamento positivo e as cinéticas. Entre as bombas de **deslocamento positivo** estão: as intermitentes (também chamadas de *alternativas* ou *recíprocas*), representadas pelas bombas de pistão; as de ar comprimido; e as rotativas. Já as mais conhecidas **bombas cinéticas** são as centrífugas, as axiais ou dinâmicas e as especiais (ejetoras). Por fim, outros tipos de bombas são as de densidade (tipo *air lift*), as de aríete hidráulico (tipo carneiro hidráulico) e as atmosféricas (como o parafuso de Arquimedes).

Nas instalações de água e esgoto, são utilizadas em maior frequência bombas centrífugas acionadas por motores elétricos, mostradas na Figura 7.1. Isso ocorre pelo fato de essas bombas serem mais adequadas a pressões altas e vazões pequenas – geralmente as situações que ocorrem nessas instalações.

Figura 7.1 – Bombas centrífugas

kenary820/Shutterstock

7.2 Conceitos importantes

A seguir, abordaremos alguns conceitos importantes relacionados às bombas.

7.2.1 Potência

Um conjunto elevatório, isto é, o conjunto bomba-motor, tem a função de transferir determinado trabalho para que o fluido possa ir de um ponto a outro, vencendo a diferença de nível existente entre esses dois pontos e as perdas de carga em todo o trajeto (perda de carga contínua em razão do atrito ao longo da canalização e perda de carga localizada em virtude das peças especiais inseridas no trajeto).

Na Figura 7.2, apresentamos um esquema de uma instalação típica entre um reservatório superior e um inferior conectados por uma bomba.

Figura 7.2 – Representação esquemática de um sistema de bombeamento

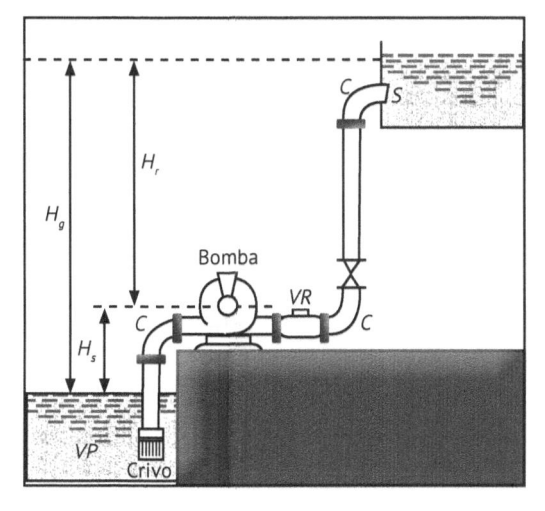

Fonte: Azevedo Netto et al., 1998, p. 291.

Nessa figura, é importante compreender todos os conceitos apresentados na sequência:

» H_g: altura geométrica. É a diferença de nível topográfico que ocorre entre os reservatórios inferior e superior.
» H_s: altura de sucção. É a diferença entre o nível do eixo da bomba e o nível da água antes da bomba.
» H_r: altura de recalque. É a diferença entre o nível do eixo da bomba e o nível de água após a bomba.

Assim, chega-se à conclusão de que a altura geométrica (H_g) corresponde à soma das alturas de sucção (H_s) e de recalque (H_r), mostrada pela seguinte equação:

$$H_g = H_s + H_r$$

» h_{f_r}: perda de carga no recalque.
» h_{f_s}: perda de carga na sucção.
» h_f: perda de carga total. É a soma da perda de carga no recalque com a perda de carga na sucção, dada por:

$$h_f = h_{f_r} + h_{f_s}$$

» H_{man}: altura manométrica. É a soma da altura geométrica com a perda de carga total, representada por:

$$H_{man} = H_g + h_f$$

Conhecendo-se todos esses conceitos e também a vazão e a pressão requeridas pelo sistema, determina-se a potência do conjunto elevatório pela equação a seguir:

$$P = \frac{\gamma \cdot Q \cdot H_{man}}{75 \cdot \eta_{global}}$$

Em que:
» P – potência do conjunto elevatório, dado em CV (cavalo-vapor);
» Υ – peso específico do líquido a ser elevado pelo conjunto elevatório, dado em N/m^3;

» Q – vazão a ser transportada de um ponto a outro, dada em m³/s;
» H_{man} – altura manométrica em mca (metros de coluna de água);
» η_{global} – rendimento global do conjunto elevatório, dado por:

$$\eta_{global} = \eta_{motor} \cdot \eta_{bomba}$$

Nessa última fórmula, η_{motor} é o rendimento do motor e η_{bomba} é o rendimento da bomba.

A potência requerida pelo conjunto motor-bomba é aquela que corresponde ao consumo de energia nas condições operacionais estáveis.

Já com relação ao rendimento das máquinas, este pode variar com a potência, sendo que as máquinas maiores apresentam rendimento mais elevado. Além disso, também há variação em virtude da temperatura e da altitude. Logo, para que seja feita a correção de acordo com a temperatura e a altitude nas quais se está promovendo a instalação do sistema, devem-se utilizar gráficos e tabelas disponíveis na literatura.

Ainda, na prática, a potência a ser instalada deve apresentar certa folga por questões de segurança. Para tanto, devem ser seguidas as recomendações indicadas no Quadro 7.1.

Quadro 7.1 – Folga recomendada ao motor a partir da determinação da potência da bomba no sistema

Para bombas que necessitem (em CV)	Folga recomendada no motor (em %)
Até 2	50
2 a 5	30
5 a 10	20
10 a 20	15
Mais de 20	10

Fonte: Elaborado com base em Azevedo Netto et al., 1998, p. 271.

7.3 Bombas trabalhando em série e em paralelo

Quando duas bombas em série são instaladas, pode-se considerar, *grosso modo*, a soma das alturas de elevação de cada uma delas, levando-se em conta a mesma vazão unitária.

Por sua vez, quando duas bombas em paralelo são instaladas, mantém-se a altura manométrica e somam-se as vazões de cada uma delas. Para que um sistema funcione bem em paralelo, é necessário que as bombas tenham características semelhantes.

7.4 Estações elevatórias

As estações elevatórias são representadas pelas edificações que abrigarão as bombas. Assim, tais estações devem ter iluminação e ventilação adequadas e espaço suficiente para a movimentação e a instalação das bombas e de suas partes elétricas.

Com o objetivo de que sempre haja uma bomba de reserva, devem ser previstas, portanto, no mínimo, duas bombas em um sistema, as quais podem ser instaladas abaixo ou acima do nível de água que será recalcada.

Quando a bomba é instalada acima do nível da água que será recalcada (elevada), ocorrerá a sucção propriamente dita, sendo necessária a instalação de válvulas de pé ou de dispositivos especiais de escorva. Já quando a instalação da bomba é feita abaixo no nível da água a ser recalcada, diz-se que bomba ficará afogada, sendo necessária a instalação de válvulas de bloqueio nas canalizações de admissão.

7.5 NPSH: energia disponível no líquido na entrada da bomba

NPSH, em inglês, corresponde a *net positive suction head*, que se refere à energia disponível na sucção, isto é, o estado da energia com o qual o líquido penetra na bomba. São considerados dois valores:

- » **NPSH requerido**: característica hidráulica da bomba, fornecida pelo fabricante.
- » **NPSH disponível**: característica das instalações de sucção, podendo ser determinado pela seguinte equação:

$$NPSH_{disponível} = \pm H + \frac{p_{atm} - p_v}{\gamma} \cdot 10 - h_f$$

Em que:
- » +H – carga ou altura de água na sucção (entrada afogada);
- » –H – altura de sucção;

- » p_{atm} – pressão atmosférica no local;
- » p_v – pressão de vapor;
- » Υ – peso específico do fluido;
- » h_f – soma de todas as perdas de carga na sucção.

Para o bom funcionamento da bomba, é necessário que:

$$NPSH_{disponível} \geq NPSH_{requerido}$$

Caso essa condição seja atendida, pode começar a ocorrer o fenômeno de cavitação na bomba, o qual ocorre quando a pressão absoluta se reduz em algum ponto determinado de um líquido, alcançando-se o ponto de ebulição da água. Nesse momento, o líquido passa a "ferver" e começam a se formar bolsas de vapor dentro dos condutos ou das peças, que desaparecem dentro da própria corrente, como se fossem pequenas explosões. Se esse fenômeno se prolongar por muito tempo, pode acontecer um desgaste do material que compõe o conjunto motor-bomba (do rotor, da carcaça, de uma válvula ou do próprio tubo). Esse desgaste pode levar, ainda, à diminuição da vida útil do conjunto elevatório.

A Figura 7.3 mostra a foto da hélice de uma bomba em que ocorreu o fenômeno da cavitação.

Figura 7.3 – Hélice de uma bomba desgastada pela ocorrência de cavitação

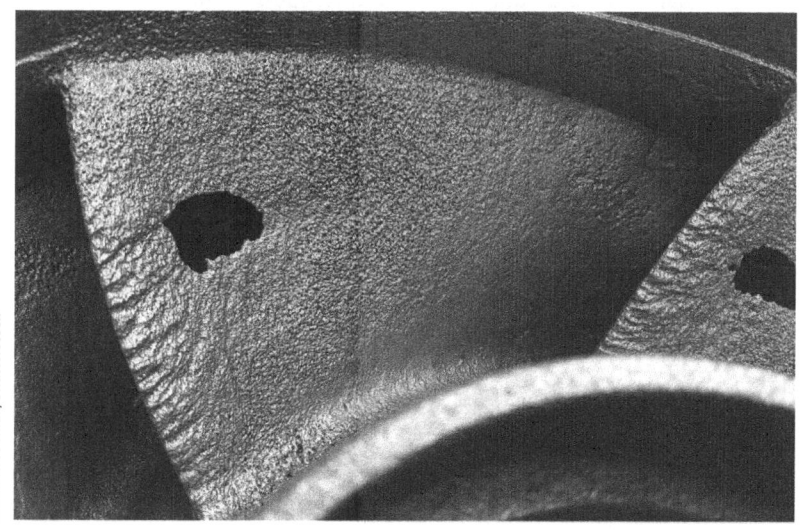

7.6 Canalização de recalque

Para projetar um sistema elevatório, devem ser considerados o diâmetro da tubulação de recalque e a potência do conjunto motor-bomba, que será consequência da tubulação de sucção. Por exemplo, se for adotado um diâmetro grande, as perdas de carga serão pequenas e, consequentemente, a potência do conjunto elevatório será reduzida. Porém, o custo da linha adutora será alto. Ao contrário, caso se adote um diâmetro relativamente pequeno, as perdas de carga serão bem maiores e, com efeito, a potência do conjunto elevatório também deverá ser alta. Assim, o conjunto elevatório será muito mais caro.

Portanto, nota-se que os custos da linha adutora e do conjunto elevatório dependem opostamente do diâmetro escolhido. Nessa ótica, para que o custo de instalação seja mínimo, deve-se determinar um diâmetro conveniente para tal.

Uma maneira bastante simples para resolver esse problema é usar a fórmula de Bresse, a qual é utilizada para sistemas que funcionam continuamente, sendo dada pela equação a seguir:

$$D = K\sqrt{Q}$$

Em que:
- » D – diâmetro da tubulação de recalque, dado em m;
- » K – constante que depende de custos de material, mão de obra, operação e manutenção dos sistemas, entre outros, não sendo, portanto, uma constante fixa, pois varia de local para local – em geral, adotam-se valores entre 0,7 a 1,3;
- » Q – vazão aduzida, dada em m³/s.

Cabem algumas observações em relação a essa equação: ela deve ser aplicada na fase de anteprojeto; traz resultados aceitáveis em sistemas de porte pequeno; já em instalações maiores, o diâmetro obtido com a equação deve servir como uma primeira aproximação, sendo importante realizar uma pesquisa econômica mais aprofundada; sua aplicação é útil apenas para sistemas que funcionem 24 horas por dia.

Quando não há necessidade de funcionamento contínuo, deve-se utilizar a seguinte equação:

$$D = 1,3 \cdot \sqrt[4]{X} \cdot \sqrt{Q}$$

Em que:
» D – diâmetro da tubulação de recalque, dado em m;
» X – número de horas de funcionamento do sistema dividido por 24;
» Q – vazão aduzida, dada em m³/s.

7.7 Escolha de bombas

Para que a seleção da bomba seja feita de forma adequada, é preciso levar em consideração as condições de operação e manutenção, bem como a questão econômica. A bomba deverá fornecer a vazão desejada de fluido para a pressão requerida.

Esse é um dos principais problemas práticos da engenharia. Os vários tipos de bombas servem para aplicações bastante abrangentes. Então, deve-se fixar uma rotação específica, a fim de constituir um dos parâmetros usados para a escolha da bomba, ou, ainda, utilizar os catálogos dos fabricantes.

Fixando-se determinada rotação, podem ser utilizados os catálogos fornecidos pelos fabricantes das bombas que apresentam mosaicos de utilização. Tais mosaicos são gráficos de altura total de elevação contra vazão, nos quais são apresentadas as faixas de utilização de cada tipo de bomba, como ilustra a Figura 7.4.

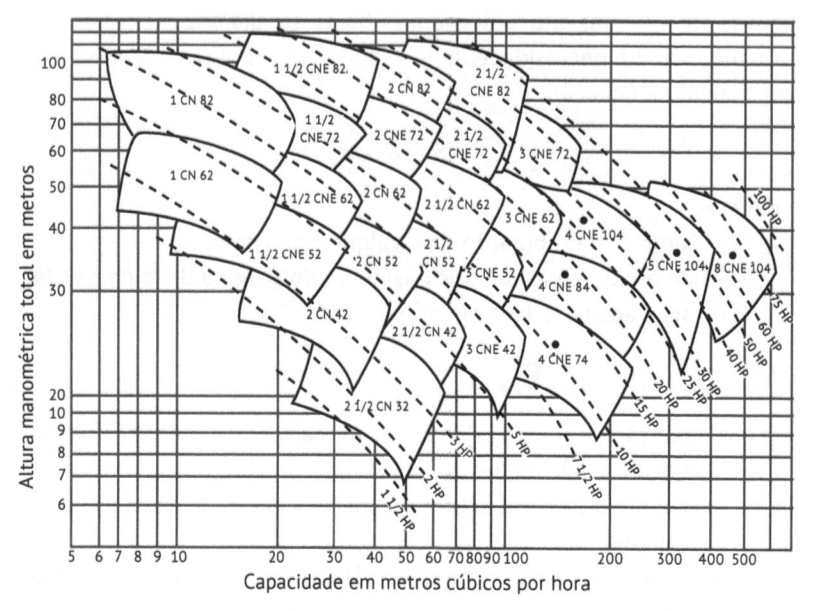

Figura 7.4 – Gráfico para a seleção de bombas Worthington (o primeiro número indica o diâmetro de saída)

Fonte: Azevedo Netto et al., 1998, p. 277.

Nessa figura, deve-se determinar a altura manométrica em que a vazão (capacidade em metros cúbicos por hora) será elevada, bem como a vazão a ser transportada. Com a intersecção desses dois valores, é possível identificar qual família de bombas serve para essas características. Nos mosaicos da Figura 7.4, cada família de bombas é referenciada por um código com dois números, sendo o primeiro o diâmetro nominal da boca do recalque (em mm), e o segundo a família do diâmetro do rotor (em mm). Dessa forma, é possível fazer a pré-seleção da bomba pelo código. Para definir a bomba, analisando-se o diâmetro do rotor, o rendimento no ponto de funcionamento, a potência necessária e outros dados de interesse, deve-se consultar o catálogo específico da família de bombas pré-selecionadas.

Nesse catálogo constam as curvas características das bombas que compõem a família, as quais se constituem em representações gráficas ou se apresentam em forma de tabela das funções que relacionam os vários parâmetros necessários para seu funcionamento. Normalmente, os fabricantes apresentam três gráficos: o primeiro representa as curvas de altura de elevação em função da vazão e indica, ainda, as linhas de pontos de

Estações elevatórias, bombas e linhas de recalque

igual rendimento; o segundo consiste no gráfico da variável NPSH requerido em função da vazão; e o terceiro corresponde à curva da potência necessária à bomba em função da vazão recalcada.

Na Figura 7.5 estão representadas as curvas características de uma bomba; o primeiro gráfico mostra a relação entre altura de elevação e vazão e a indicação do rendimento das bombas, e o segundo, a relação entre a potência necessária à bomba e a vazão que deverá ser recalcada.

Figura 7.5 – Curvas características de uma bomba centrífuga com corpo espiral dividido radialmente da marca KSB Meganorm 60 Hz – 3 500 a 1 750 rpm

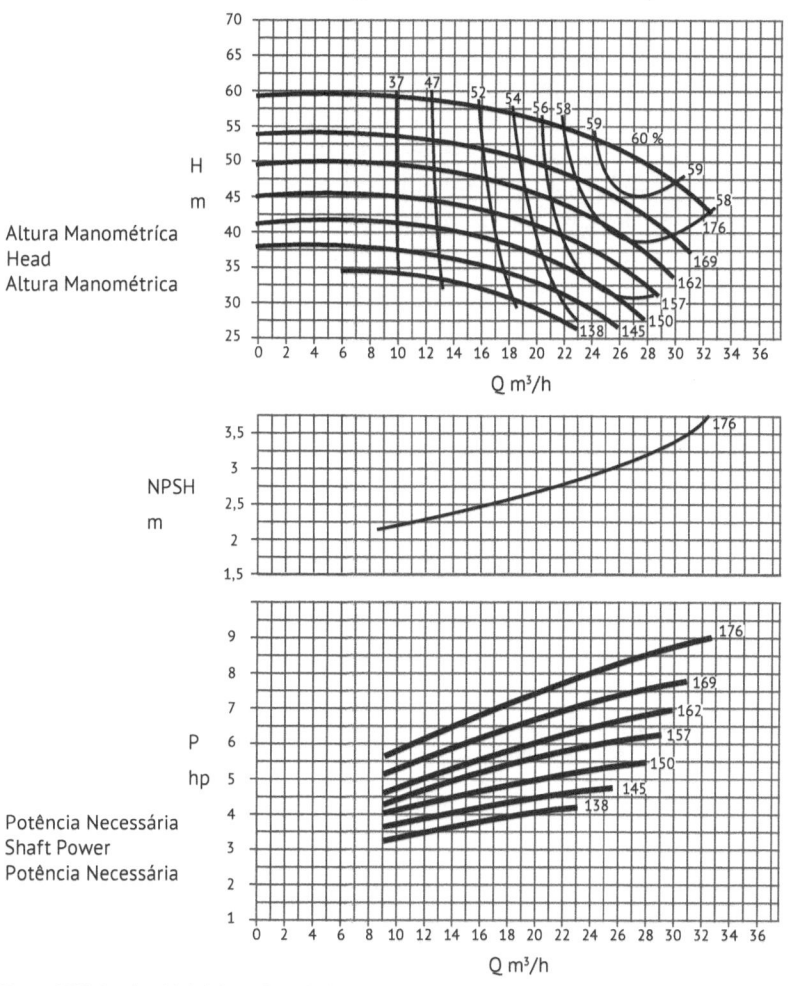

Fonte: KSB Bombas Hidráulicas S.A., 2005, p. 6.

Síntese

Neste capítulo, apresentamos inicialmente os principais tipos de bombas e suas finalidades, atentando principalmente para as bombas centrífugas, que são as mais utilizadas em sistemas hidráulicos de água e esgoto.

Posteriormente, abordamos conceitos muitos importantes relacionados a bombas, estações elevatórias e linhas de recalque. Mostramos uma instalação típica de uma bomba em um sistema ligando dois reservatórios, bem como as principais variáveis a serem observadas nesse sistema para que ele possa ter um bom funcionamento. Assim, introduzimos os conceitos de altura geométrica, perda de carga no recalque e na sucção, altura manométrica, entre outros, todos bastante importantes para se determinar a potência do conjunto elevatório (motor-bomba) a fim de vencer a altura manométrica (desnível topográfico do terreno + perdas de carga ocorridas nas tubulações de sucção e recalque) de acordo com a vazão que se deseja transportar.

Descrevemos, também, o que ocorre quando há uma associação de bombas, seja em paralelo, seja em série. Na associação em paralelo, somam-se as vazões das bombas e, na associação em série, as alturas de elevação, mantendo-se a vazão.

Vimos, ainda, o que é uma estação elevatória: uma edificação que abrigará as bombas. No mínimo, devem sempre existir duas bombas, a fim de que uma seja reserva. A bomba pode ser instalada abaixo do nível da água que será recalcada (bomba afogada) ou acima desse nível, sendo esta a situação normal de sucção.

Outro conceito abordado foi o NPSH, que se refere à energia disponível no líquido na entrada da bomba. Para um bom funcionamento da bomba, é necessário que o NPSH disponível (característica das instalações) seja maior ou igual ao NPSH requerido (característica da bomba, fornecido pelo fabricante). Isso evita que ocorra, por exemplo, o fenômeno da cavitação.

Apresentamos, também, como deve ser feito o dimensionamento de uma tubulação de recalque, levando-se em conta principalmente o fator econômico. Para isso, utiliza-se a fórmula de Bresse, a qual é usada para sistemas que funcionam 24 horas por dia e serve como aproximação do diâmetro econômico, sendo necessário um aprofundamento maior para sua determinação mais precisa.

Por fim, explicamos como escolher uma bomba. A primeira informação importante é saber qual é a altura a ser elevada (H) e qual é a vazão que se deseja transportar (Q). Com isso, é possível olhar os catálogos dos fabricantes e fazer a pré-seleção, definindo-se qual família de bombas serve para determinado objetivo. Em seguida, devem ser analisadas as curvas características dessa família de bombas, a fim de selecionar precisamente a bomba. Tais curvas características são gráficos que relacionam parâmetros como altura de elevação, vazão a ser transportada, rendimento da bomba, NPSH requerido e potência necessária.

Para saber mais

DANCOR. **Catálogo Geral – 60 Hz**: Série CAM – Padrão 687 JM – Centrifuga de aplicação múltipla. Disponível em: <http://www.dancor.com.br/dancor-site-novo/public/uploads/produtos/centrifugas/cat%C3%A1logos/cam-687jm-pbe_cat.pdf>. Acesso em: 15 jan. 2021.

Na página da empresa Dancor, é possível visualizar um catálogo das bombas que são produzidas, no qual são descritas, primeiramente, as aplicações das bombas (residencial, predial, industrial, agrícola, combate a incêndio). Em seguida, constam informações gerais, como altura manométrica de sucção, altura manométrica de elevação e altura manométrica total. Na sequência, estão as curvas de desempenho (H x Q) da família de bombas selecionada. Além disso, são detalhadas as diversas linhas de bombas dentro da família escolhida, apresentando-se uma descrição geral delas, seus componentes e seus dados dimensionais e, depois, as curvas de desempenho dessas linhas de bombas. Entre essas curvas estão a altura manométrica x vazão, o NPSH x vazão e a potência x vazão. Como exemplo de um catálogo de produtos, indicamos o Catálogo da Série CAM Padrão 687 JM, referente a uma centrifuga de aplicação múltipla.

Questões para revisão

1. Assinale a alternativa que define o que é a altura manométrica:
   a. Trata-se da diferença de nível topográfico que ocorre entre os reservatórios inferior e superior.
   b. Trata-se da diferença entre o nível do eixo da bomba e o nível de água após a bomba.

c. Trata-se da perda de carga que ocorre na sucção.

d. Trata-se da soma da altura geométrica (desnível topográfico que ocorre entre os reservatórios inferior e superior) com a perda de carga total do sistema.

2. Qual é o processo de escolha de uma bomba? Explique.
3. Foram adquiridas duas bombas iguais com capacidade de 60 L/s e 45 m de altura manométrica. Identifique as condições para seu funcionamento em conjunto.
4. Dimensione a linha de recalque da Figura A, a seguir, com o critério de economia e calcule a potência do motor para as seguintes condições:

» vazão = 30 L/s;
» período de funcionamento = 24 horas;
» coeficiente de rugosidade (C) = 100;
» rendimento global do sistema (η) = 70%;
» peso específico da água ($\Upsilon_{água}$) = 1 000 kgf/m³;
» altura de sucção = 2,5 m;
» altura de recalque = 37,5 m;
» altura geométrica (total) = 40 m.

Figura A – Linha de recalque

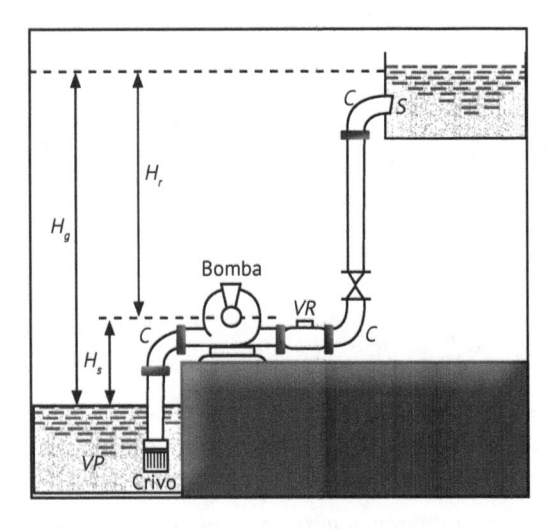

Fonte: Azevedo Netto et al., 1998, p. 291.

Assinale a alternativa correta:
a. D = 0,56 m; P = 40,76 CV.
b. D = 0,23 m; P = 67,5 CV.
c. D = 0,2 m; P = 23 CV.
d. D = 0,83 m; P = 56 CV.

5. Estima-se que um edifício com 55 pequenos apartamentos seja habitado por 275 pessoas. A água de abastecimento é recalcada do reservatório inferior para o superior, por meio de conjuntos elevatórios. Considerando o exposto, calcule a linha de recalque, admitindo um consumo diário provável de 200 L/hab. As bombas terão capacidade para recalcar o volume consumido diariamente em apenas 6 horas de funcionamento. Em seguida, assinale a alternativa correta:
a. D = 0,023 m.
b. D = 0,047 m.
c. D = 2,55 m.
d. D = 0,038 m.

Questão para reflexão

1. Explique o que é o fenômeno da cavitação e em que situação ele ocorre.

Capítulo 8

Condutos livres ou canais

Conteúdos do capítulo:
- Introdução ao assunto.
- Escoamento permanente uniforme.
- Escoamento permanente variado.

Após o estudo deste capítulo, você será capaz de:
1. compreender o que são condutos livres ou canais e suas principais características;
2. reconhecer o que é e como se dá o escoamento permanente uniforme em canais ou condutos livres e quais são os principais parâmetros a serem analisados;
3. explicar o que é e como ocorre o escoamento permanente variado e quais são os principais parâmetros a serem analisados.

8.1 Introdução

A principal característica dos condutos livres ou canais é apresentar pelo menos um ponto de superfície livre, sujeita à pressão atmosférica. Os principais exemplos de condutos livres com seção aberta são rios, canais, calhas e drenos. Além disso, tubos também podem funcionar como condutos livres quando operam parcialmente cheios, como é o caso dos coletores de esgotos e das galerias de águas pluviais.

Problemas envolvendo condutos livres ou canais são mais complexos do que aqueles que abrangem os condutos forçados. Enquanto nestes se sabe exatamente qual foi o material empregado e, consequentemente, qual é a rugosidade das paredes, nos canais naturais, como rios, e nos escavados em terra, há uma incerteza na definição do coeficiente de rugosidade a ser adotado. Além disso, existe a questão geométrica, sendo que os condutos forçados geralmente apresentam seção circular e os canais podem apresentar formas variáveis.

Para facilitar a resolução desses problemas, são admitidos alguns parâmetros a fim de tornar os cálculos mais simples. São utilizados, ainda, fórmulas e coeficientes empíricos. Há a possibilidade, também, de recorrer a modelos matemáticos de simulação com o auxílio de programas computacionais.

É importante perceber que o escoamento em canais se dá pela inclinação da superfície do líquido, e não pela inclinação do fundo do canal, e pode ocorrer de várias formas. O escoamento pode ser **permanente** (com vazão e velocidade constantes ao longo do tempo em determinada seção transversal do canal) ou **não permanente** (com vazão e velocidade variando ao longo do tempo em determinada seção do canal).

Ainda, o escoamento permanente pode ser uniforme, no qual a profundidade e a velocidade são constantes, ou variado, no qual a velocidade pode aumentar ou diminuir, de forma gradual ou brusca.

8.2 Escoamento permanente uniforme

Nesta seção, apresentaremos aspectos relacionados ao escoamento permanente uniforme.

8.2.1 Carga específica

Considerando-se um escoamento permanente uniforme, a carga total (H_t) na seção é dada por:

$$H_T = Z + h + \alpha \cdot \frac{V^2}{2 \cdot g}$$

Em que:
- » H_T – carga (energia) total na seção, dada em m;
- » Z – altura do fundo do canal em relação a um plano de referência, dada em m;
- » h – altura do nível da água do canal, dada em m;
- » α – coeficiente que leva em consideração a variação da velocidade que pode existir na seção, compreendida entre 1,0 e 1,1 – na prática, adota-se 1,0 como aproximação razoável;
- » V – velocidade do escoamento na seção, dada em m/s;
- » g – aceleração da gravidade, dada em m/s².

Conforme a seção vai ficando mais a jusante, a carga vai diminuindo em virtude da redução de Z. Assim, no fundo do canal, a carga na seção pode ser concluída a partir da seguinte equação:

$$H_T = h + \frac{V^2}{2 \cdot g}$$

Um conceito que aparece em condutos livres ou canais é o de carga específica, que se refere à soma da altura do nível da água no canal com a energia de velocidade (cinética).

Na natureza, canais com escoamento permanente e uniforme não existem. São considerados apenas para efeitos de simplificação, a fim de facilitar a resolução dos problemas de engenharia.

8.2.2 Área molhada, perímetro molhado e raio hidráulico

A área molhada (A_m) de um conduto livre diz respeito à área útil do escoamento em uma seção transversal. Já o perímetro molhado (P_m) corresponde à soma dos comprimentos do conduto em contato com o líquido, não abrangendo a superfície livre de água.

Por sua vez, o raio hidráulico (R_H) é a razão entre a área molhada (A_m) e o perímetro molhado (P_m):

$$R_H = \frac{A_m}{P_m}$$

8.2.3 Forma dos canais

Na prática, os canais podem apresentar variações em suas seções transversais, o que se deve à forma como foram construídos, às características do terreno ou, ainda, ao custo de construção.

Em geral, canais escavados em terra apresentam seção trapezoidal, como ilustra a Figura 8.1.

Figura 8.1 – Canal com seção trapezoidal

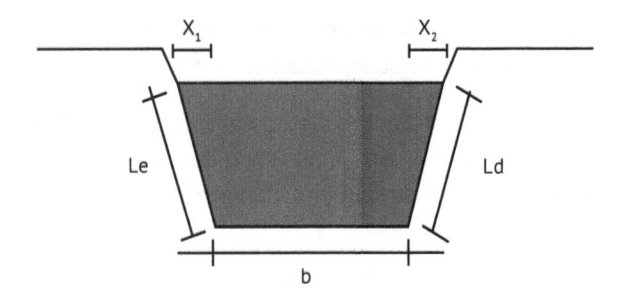

Assim se estabelecem a área molhada (A_m) e o perímetro molhado (P_m) desse canal:

$$A_m = (b \cdot h) + \frac{x_1 \cdot h}{2} + \frac{x_2 \cdot h}{2}$$

$$P_m = b + Le + Ld$$

Sendo:

$$x_1 = \frac{h}{\tan\alpha} \quad x_2 = \frac{h}{\tan\beta}$$

Em que:
» h – altura do nível da água, dada em m;
» b – largura do fundo do canal, dada em m;
» Le – comprimento da parede lateral esquerda do canal, dada em m;
» Ld – comprimento da parede lateral direita do canal, dada em m;
» α – ângulo entre a parede lateral esquerda e o fundo do canal;
» β – ângulo entre a parede lateral direita e o fundo do canal.

Os canais que são abertos em rocha normalmente apresentam seção transversal retangular, com a largura igual a duas vezes a altura, como pode ser visualizado na Figura 8.2.

Figura 8.2 – Canal com seção transversal retangular

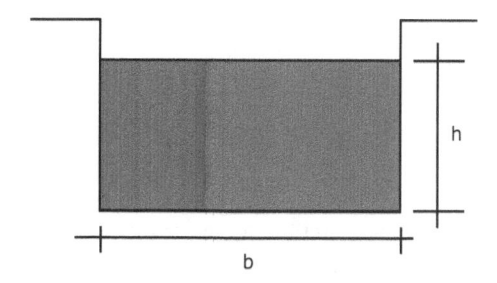

Assim se definem a área molhada (A_m) e o perímetro molhado (P_m):

$$A_m = b \cdot h$$
$$P_m = b + (2 \cdot h)$$

Em que:
» b – largura do fundo do canal, dada em m;
» h – altura do nível da água, dada em m.

Por fim, calhas de coleta de água de chuva, entre outros tipos, geralmente são semicirculares, como mostrado na Figura 8.3.

Figura 8.3 – Canal com seção transversal circular

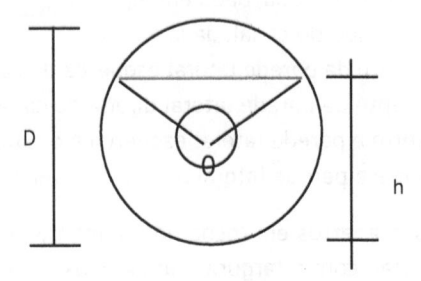

Assim se apresentam a área molhada (A_m) e o perímetro molhado (P_m):

$$A_m = \frac{D^2 \cdot (\theta - \operatorname{sen}\theta)}{8}$$

$$P_m = \frac{D \cdot \theta}{2}$$

Em que:
» D – diâmetro do canal circular, dado em m;
» θ – ângulo de abertura do nível, dado em radianos.

8.2.4 Fórmula de Chézy

A fórmula a seguir foi proposta em 1776 pelo engenheiro francês Antoine de Chézy:

$$V = C \cdot \sqrt{(R_H \cdot I)}$$

Em que:
» V – velocidade do escoamento no canal, dada em m/s;
» C – coeficiente de atrito de Chézy, adimensional, sendo que, quando a equação foi proposta, esse coeficiente era considerado independente da rugosidade das paredes;
» R_H – raio hidráulico do canal, dado em m;
» I – declividade do canal, dada em m/m.

8.2.5 Fórmula de Chézy com coeficiente de Manning

A maior parte dos escoamentos em canal ocorre em regime turbulento. Assim, mediante diversos experimentos realizados em canais de várias dimensões, foram obtidos resultados bastante coerentes entre o experimento e a obra construída. Com base nesses estudos, inseriu-se o coeficiente de Manning na fórmula de Chézy, tornando-a mais próxima da realidade, sendo esta definida por:

$$V = \frac{1}{n} \cdot R_H^{\frac{2}{3}} \times I^{\frac{1}{2}}$$

Em que:
- » V – velocidade do escoamento no canal, dada em m/s;
- » n – coeficiente de Manning, adimensional, levando-se em consideração a rugosidade do canal e podendo obtê-lo de tabelas;
- » R_H – raio hidráulico do canal, dado em m;
- » I – declividade do canal, dada em m/m.

8.3 Escoamento permanente variado

Nesta seção, abordaremos aspectos relacionados ao escoamento permanente variado.

8.3.1 Ressalto hidráulico

O ressalto hidráulico se refere a uma sobrelevação brusca da superfície líquida. Corresponde à passagem brusca de um escoamento em regime torrencial para um escoamento em regime fluvial com grande dissipação de energia, como mostra a Figura 8.4.

Figura 8.4 – Ressalto hidráulico

O ressalto hidráulico é muito utilizado em bacias de dissipação de energia que ficam a jusante de vertedores de barragens.

O ressalto hidráulico pode ser de dois tipos:

I. com salto elevado, apresentando um grande turbilhonamento que faz parte da porção líquida contra a corrente e, com isso, permite uma certa aeração do líquido.
II. de superfície agitada, mas não apresentando redemoinho nem retorno do líquido; ocorre quando a profundidade inicial não está muito abaixo do valor crítico.

8.3.2 Remanso

Um escoamento uniforme em um rio é caracterizado por uma seção de escoamento e declividade constantes. Porém, por exemplo, quando uma barragem é construída nesse rio, ela causa uma sobrelevação das águas, de forma a alterar o nível da água a uma grande distância a montante. A esse fenômeno dá-se o nome de *remanso*, observado na Figura 8.5.

Figura 8.5 – Imagem de uma curva de remanso em um canal de laboratório

Determinar a curva de remanso é um problema crucial que deve ser solucionado para definir, por exemplo, a extensão da área inundada pela barragem, o volume de água acumulado nela, as variações de profundidade, entre outros aspectos.

Síntese

Neste capítulo, inicialmente explicamos o que é um conduto livre ou canal e como pode ocorrer o escoamento nele. É assim classificado o conduto que apresenta uma superfície livre aberta à atmosfera pelo menos em determinado ponto.

Em seguida, abordamos o escoamento permanente uniforme, no qual, em certo trecho uniforme, a profundidade do canal e a velocidade do escoamento são constantes. Nesse tópico, apresentamos o conceito de carga específica, que nada mais é do que a carga (energia) resultante da soma da altura da água no canal e da energia cinética (carga de velocidade).

Além disso, discorremos sobre os conceitos de área molhada, perímetro molhado e raio hidráulico, bem como a respeito das várias formas geométricas que as seções transversais de um canal podem apresentar.

Ainda, demonstramos a fórmula de Chézi e sua variação com a inserção do coeficiente de Manning, utilizada para determinar a velocidade de escoamento nos canais a partir de um coeficiente adimensional (coeficiente de Manning) que leva em consideração a rugosidade das paredes do canal.

Por fim, comentamos brevemente sobre o escoamento permanente variado e apresentamos dois importantes conceitos: ressalto hidráulico e remanso.

Para saber mais

RESSALTO hidráulico, hidráulica de canais. 22 abr. 2020. Disponível em: <https://www.youtube.com/watch?v=me-eVduzauU>. Acesso em: 15 jan. 2021.

O experimento demonstrado nesse vídeo se refere à formação de um ressalto hidráulico. Inicialmente, é explicado o que é o ressalto hidráulico e como determinar a perda de carga causada por um ressalto. O experimento é realizado em um canal. Primeiramente, a bomba é ligada, para que haja água escoando dentro do canal. A declividade do canal é definida como zero. Em seguida, o nível a jusante é elevado por meio da elevação de uma comporta até que o ressalto hidráulico seja estabelecido. Na sequência, são medidas as profundidades da água a montante e a jusante do ressalto, para determinar a perda de carga provocada por ele.

Questões para revisão

1. O que caracteriza os condutos livres ou canais?
   a. Condutos livres ou canais são caracterizados por não apresentarem perda de carga ao logo do escoamento.
   b. Condutos livres ou canais são caracterizados por apresentarem pressão interna diferente da atmosférica.
   c. Condutos livres ou canais são caracterizados por apresentarem um escoamento forçado.
   d. Condutos livres ou canais são caracterizados por apresentarem uma superfície livre aberta à atmosfera em determinado ponto.

2. Explique o que é ressalto hidráulico.
3. Explique o que é remanso.
4. Um canal de drenagem trapezoidal, em terra nos taludes e fundo, com taludes 2,5 H: 1 V (horizontal/vertical) e declividade de fundo 0,0003 m/m, foi dimensionado para determinada vazão Q, tendo-se chegado a uma seção com largura de fundo b = 1,75 m e altura de água y = 1,40 m. Com base no exposto, determine a vazão. Considere que n = 0,035. Em seguida, assinale a alternativa correta:
   a. Q = 3,5 m³/s.
   b. Q = 7,35 m³/s.
   c. Q = 3,77 m³/s.
   d. Q = 3,16 m³/s.
5. Dimensione a seção de um canal retangular em concreto (n = 0,017), para transportar a vazão de 1,42 m³/s, sobre uma declividade de 0,28%, de forma que a largura da base seja duas vezes a profundidade. Depois, assinale a alternativa correta:
   a. h = 0,68 m; b = 1,36 m.
   b. h = 1,36 m; b = 0,68 m.
   c. h = 1,96 m; b = 0,86 m.
   d. h = 1,68 m; b = 1,36 m.

Questão para reflexão

1. Canais e escoamentos uniformes existem na natureza? Apresente suas considerações.

Capítulo 9

Hidrometria: processos de medidas hidráulicas

Conteúdos do capítulo:
» Medições de nível, de pressão, de seção de escoamento, de tempo, de volume, de velocidade e de vazão.

Após o estudo deste capítulo, você será capaz de:
1. compreender o que é hidrometria e qual é sua finalidade;
2. entender como ocorrem as medições de nível e quais são os principais equipamentos usados nessas medições;
3. identificar de que forma se dão as medições de pressão e quais são os principais equipamentos usados nessas medições;
4. reconhecer como acontecem as medições de seção de escoamento e quais são os principais equipamentos usados nessas medições;
5. explicar como ocorrem as medições de tempo e quais são os principais equipamentos usados nessas medições;
6. entender como são as medições de volume e quais são os principais equipamentos usados nessas medições;
7. compreender de que maneira ocorrem as medições de velocidade e quais são os principais equipamentos usados nessas medições;
8. entender como acontecem as medições de vazão e quais são os principais equipamentos usados nessas medições.

A hidrometria analisa as características físicas da água de interesse. As principais características analisadas são: nível/profundidade, pressão, velocidade, seções de escoamento, tempo, volume e vazão.

Tais características são examinadas por meio de métodos, técnicas e instrumentações utilizados em hidrologia.

9.1 Medição de nível

Em um reservatório, é importante promover a medição de nível para verificar o volume e a aproximação do ponto de extravasamento, bem como para identificar o ponto de comando de um alarme, por exemplo.

Já em um canal, uma calha ou um rio, é possível obter uma indicação da vazão de escoamento que está ocorrendo.

Em um poço, a medição mostra o nível do lençol freático ou, ainda, o nível piezométrico desse lençol.

Podem ser usados, ainda, pequenos tubos verticais conectados a uma tubulação horizontal, na qual é transportada determinada vazão a uma pressão. O nível de água nesses pequenos tubos indica a pressão a que a tubulação está submetida.

Por fim, em uma superfície de água, pode ser utilizada uma régua milimetrada, por exemplo, instalada verticalmente em um ponto fixo e rígido, com sua escala determinada em relação a um referencial topográfico. O nível de água nessa régua dá a noção do nível em que se encontra determinado curso d'água.

Um instrumento muito usado para medir, por exemplo, o nível de água em um reservatório é o flutuador, o qual é inserido em um reservatório e, por meio de um cabo, aciona um ponteiro do lado de fora do reservatório, que marca o nível de água em uma escala já calibrada.

9.2 Medição de pressão

Os dispositivos mais comuns utilizados para medir pressão são os manômetros, já apresentados em capítulos anteriores. Tais instrumentos utilizam a medição de nível para correlacionar à pressão.

Ainda, existem dispositivos que não utilizam a medição de nível, os quais são mecânicos ou eletromecânicos, quase sempre calibrados por comparação a medidores de coluna líquida.

9.3 Medição de seção de escoamento

A seção de escoamento representa a seção transversal ao fluxo do fluido. Em tubos cilíndricos sob pressão, essa seção é sempre circular e apresenta um diâmetro conhecido, sem alteração de área. Muitas vezes, é importante saber qual é o diâmetro interno desses tubos, sendo necessário conhecer o fabricante e o método construtivo, pois a espessura da parede do tubo pode variar para dentro ou para fora em função do material ou da pressão a que ele precisa resistir. O diâmetro nominal, portanto, pode não ser o diâmetro efetivo. Além disso, fatores como a idade do tubo, incrustações, tuberculizações ou erosões também afetam o diâmetro efetivo. Esses fatores são inseridos no coeficiente de rugosidade que será adotado, resultando em perdas de carga maiores e em diâmetros efetivos menores.

Por sua vez, em canais construídos artificialmente, em que a geometria é definida previamente, a seção de escoamento será função dessa geometria e também do nível de água na própria seção.

9.4 Medição de tempo

Medir intervalos de tempo é importante para correlacioná-lo com outras medições e encontrar grandezas significativas, como velocidade (m/s) ou vazão (m³/s).

O equipamento mais usual para essa medição é o cronômetro ou o relógio. Este é mais preciso para fenômenos longos do que para fenômenos curtos.

9.5 Medição de volume

Volume é sempre associado a recipientes. Por exemplo, uma piscina olímpica tem 3 500 m³ de água, equivalendo a um recipiente com dimensões de 50 × 25 × 2,75 m.

Em lagos ou represas para a determinação do volume, são calculadas as seções transversais a intervalos definidos. Em seguida, são integradas as áreas, por métodos de aproximação e interpolação.

9.6 Medição de velocidade

Nesta seção, abordaremos formas de medição de velocidade diretas e indiretas.

9.6.1 Medição direta por flutuadores

Podem ser usados como flutuadores objetos como garrafas plásticas e boias, que obterão a velocidade das águas nas quais forem inseridos.

A velocidade adquirida pelo flutuador é, geralmente, maior que a velocidade média de escoamento. Admite-se, portanto, que a velocidade média é 80 a 90% da velocidade superficial do flutuador.

Para utilizar o flutuador, é importante escolher um trecho no curso d'água que seja retilíneo e com seção retangular. Nesse trecho, dois cabos são estendidos para ligar uma margem a outra, distanciados de 15 a 50 m. Divide-se transversalmente o curso d'água em várias faixas longitudinais e os flutuadores são colocados em cada uma delas, medindo-se o tempo que levam para ir de um cabo a outro.

Por serem bastante simples, esses instrumentos são usados para medições que não necessitam de muita precisão, pois estão sujeitos, entre outros fatores, a ondas, aos ventos, à irregularidade do leito do curso d'água e a correntes.

9.6.2 Medição indireta de velocidade por molinetes

Molinetes são instrumentos compostos por pás ou hélices que giram impulsionadas pela velocidade do escoamento, como demonstrado na Figura 9.1.

Hidrometria: processos de medidas hidráulicas

Figura 9.1 – Molinete

ANON KULSUWAN/Shutterstock

Assim, estabelece-se uma proporção baseada no número de voltas dadas pelo molinete por unidade de tempo, isto é, entre a velocidade de rotação do aparelho e a velocidade da corrente do curso d'água. A cada rotação ou a cada determinado número de rotações, o molinete emite um som. Isso permite identificar o número de rotações em certo intervalo de tempo. Dessa forma, a velocidade da corrente do curso d'água fica em função do número de rotações do molinete em determinado tempo e, também, dos coeficientes particulares fornecidos pelos fabricantes dos equipamentos.

Os molinetes são usados para medir a velocidade em profundidades distintas e em diferentes posições em uma seção transversal de um rio ou canal. Com isso, pode-se determinar a velocidade média de escoamento.

9.7 Medição de vazão

Nesta seção, abordaremos algumas maneiras de fazer medições de vazão.

9.7.1 Medição direta de vazão

A medição direta consiste em mensurar quanto tempo é necessário para encher um recipiente com volume conhecido, pela seguinte equação:

$$Q = \frac{Vol}{t}$$

Em que:
» Q – vazão, dada em m³/s;
» Vol – volume do recipiente, dado em m³;
» t – tempo necessário para encher o volume (V), dado em s.

Esse tipo de medição é possível somente nos casos em que há pequenas descargas, como em bicas, fontes e canalizações de diâmetro pequeno.

9.7.2 Medição indireta de vazão em escoamentos sob pressão

Em tubos, podem ser usados equipamentos que reduzem a seção de escoamento, provocando uma diferença de pressão em consequência do aumento de velocidade ocorrida na seção de estreitamento.

Para determinar a vazão nesse caso, utiliza-se a seguinte equação:

$$Q = 3,48 \cdot \frac{C_d \cdot D_1^2 \cdot \sqrt{H}}{\sqrt{\left(\frac{D_1}{D_2}\right)^4 - 1}}$$

Em que:
» Q – vazão transportada no tubo, dada em m³/s;
» C_d – coeficiente de descarga, adimensional, variando de acordo com o medidor de vazão utilizado;
» D_1 – diâmetro da canalização, dado em m;
» D_2 – diâmetro da seção reduzida, dado em m;
» H – diferença de altura provocada nos piezômetros localizados antes e após a seção reduzida, dada em m.

Essa equação, portanto, pode ser usada para todos os medidores de vazão que se utilizam da redução da seção de escoamento, como placas de orifícios, diafragmas, bocais internos e medidores Venturi curtos ou longos. Cada um deles apresenta um coeficiente de descarga (C_d) próprio que pode ser encontrado em tabelas ou fornecido pelos próprios fabricantes. Para placas de orifício, por exemplo, o valor C_d fica entre 0,60 e 0,62, utilizando-se geralmente um valor médio de 0,61. Já para os medidores Venturi longos, o C_d usado geralmente é de 0,975.

As placas de orifício inseridas em trechos retilíneos das tubulações são as formas mais simples de se medir a vazão em um tubo. O orifício com determinado diâmetro é feito em uma chapa metálica que será instalada na tubulação, como ilustra a Figura 9.2.

Figura 9.2 – Esquema representando o funcionamento de uma placa de orifício inserida em uma canalização

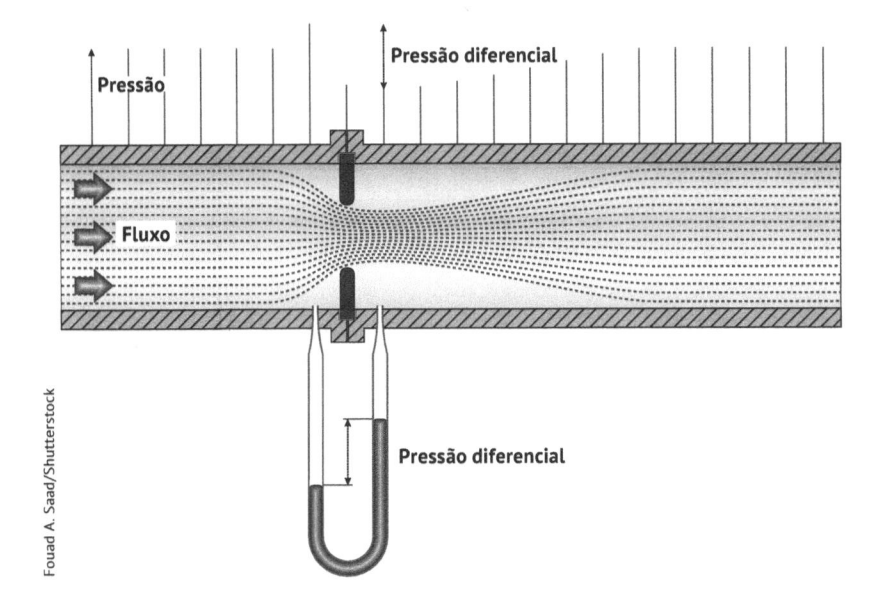

Fouad A. Saad/Shutterstock

Na imagem, apresenta-se o que ocorre em um escoamento quando é inserida uma placa de orifício na tubulação. Para uma melhor observação do efeito, foi colocado um manômetro imediatamente antes e depois da placa, a fim de observar o que ocorre com a pressão do escoamento nesses pontos. O manômetro indica, portanto, que a pressão antes da placa de orifício é maior do que a pressão após (o fluido manométrico foi empurrado para baixo no braço esquerdo e elevado no braço direito). Isso acontece porque, quando o escoamento é forçado a passar pela área estreita da placa de orifício, a velocidade do escoamento aumenta e, consequentemente, de acordo com o teorema de Bernoulli, a pressão diminui logo depois de o fluido passar pela placa de orifício.

Ainda, podem ser utilizados bocais, que têm a característica de inserir menos perda de carga no escoamento do que as placas de orifício e, com efeito, apresentam maior precisão. Eles reduzem gradualmente a seção de escoamento e são seguidos de um alargamento também gradual dessa seção. Sob essa ótica, bocais mais curtos introduzirão maior perda de carga do que bocais mais longos.

Por fim, o medidor Venturi utiliza a mesma estratégia e é o mais conhecido entre todos os equipamentos citados. Trata-se de um tubo com uma redução (garganta) seguida de uma ampliação gradativa do diâmetro, como pode ser observado na Figura 9.3. Normalmente, o diâmetro da garganta fica entre ¼ e ¾ do diâmetro da tubulação.

Figura 9.3 – Medidor Venturi

Medidor Venturi

Constrição

Fluxo de água   Fluxo de água

Alta pressão   Baixa pressão   Alta pressão
Velocidade baixa ⬇   Velocidade alta ⬆   Velocidade baixa ⬇

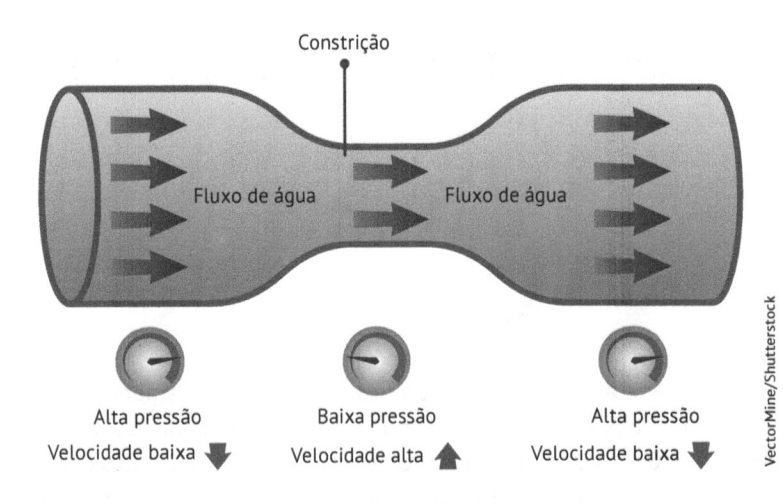

VectorMine/Shutterstock

Para determinar a perda de carga dos orifícios, bocais e tubos de Venturi, utiliza-se o gráfico apresentado na Figura 9.4.

Figura 9.4 – Gráfico para determinação da perda de carga de orifícios, bocais e tubos de Venturi

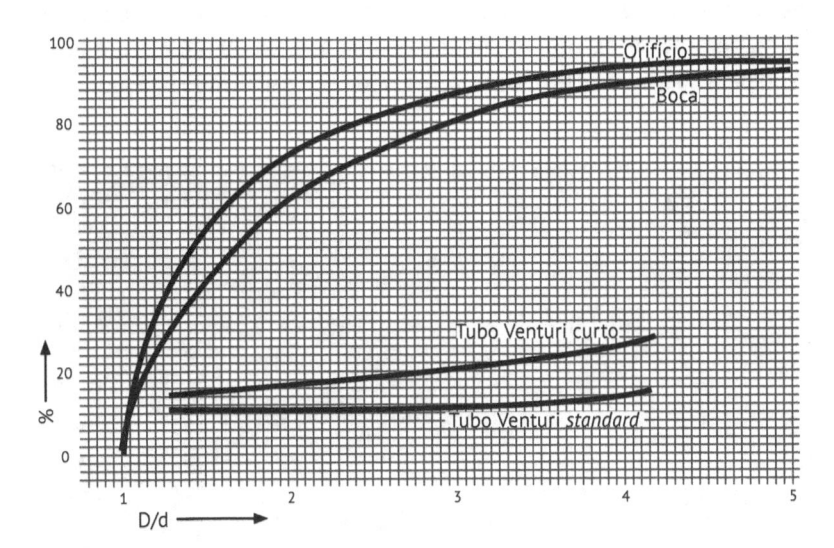

[Gráfico: eixo vertical % (0 a 100), eixo horizontal D/d (1 a 5). Curvas: Orifício, Bocal, Tubo Venturi curto, Tubo Venturi *standard*.]

Fonte: Azevedo Netto et al., 1998, p. 426.

Deve-se determinar a relação entre o diâmetro da canalização (D_1 ou D) e o diâmetro do medidor (D_2 ou d). Depois de essa relação ser encontrada, traça-se uma reta sobre esse valor até interceptar a curva do medidor de vazão em uso (orifício, bocal ou tubos de Venturi).

Outros tipos de equipamentos de medição indireta de vazão sob pressão são os fluxômetros ou rotâmetros, compostos por um tubo cônico com a seção maior voltada para cima, na qual é instalada uma peça de peso e formatos determinados que se desloca para cima ou para baixo, conforme a vazão que se quer medir. Esse medidor é muito usado para medir gás cloro em estações de tratamento de água, por exemplo.

Há, também, os medidores magnéticos, que se utilizam da água como condutor elétrico, deslocando-se por um campo magnético e formando uma força eletromotriz proporcional à velocidade do escoamento.

Podem ser usados, ainda, os medidores ultrassônicos, baseados na diferença de tempo entre ondas ultrassônicas encaminhadas nos dois sentidos do fluxo de água.

Por fim, existem os hidrômetros, que se constituem em contadores mecânicos nos quais se mede a quantidade de água que escoa, por meio do número de vezes que um molinete, uma turbina ou um disco é acionado pela passagem dessa água, como pode ser visualizado na Figura 9.5.

Figura 9.5 – Hidrômetro

Joa Souza/Shutterstock

9.7.3 Medição indireta de vazão em escoamento com superfície livre

Um dos equipamentos para promover a medição indireta de vazão em escoamento com superfície livre é o molinete, já mencionado anteriormente.

Outro método bastante conhecido é o eletrônico, chamado de ADCP (*Acoustic Doppler Current Profiler*), que utiliza o efeito Doppler para a medição de vazão. Esse equipamento emite pulsos sonoros de frequência predeterminada. Assim, quando o pulso é refletido por partículas, é percebido com a alteração da frequência. Essa alteração é, portanto, diretamente proporcional à velocidade das partículas na água. A Figura 9.6 mostra a foto de um ADCP em um rio.

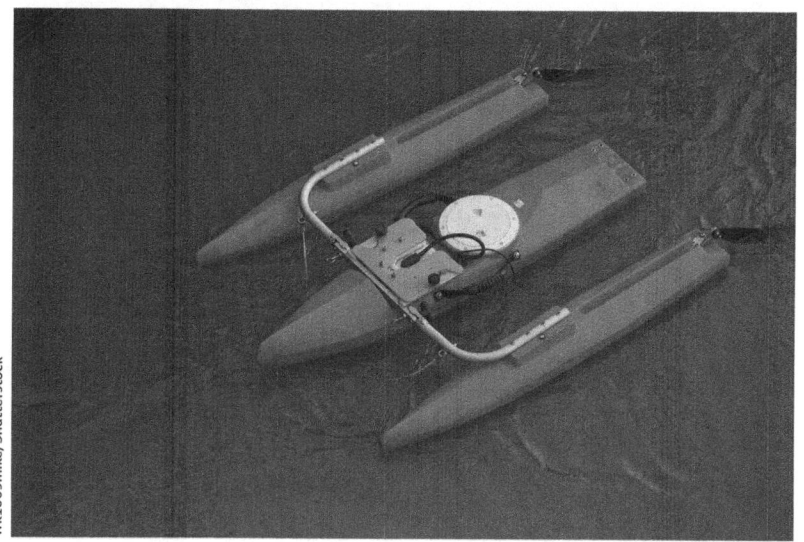

Figura 9.6 – ADCP em um rio

wk1003mike/Shutterstock

Síntese

Neste capítulo, vimos que a hidrometria é a ciência que estuda as características físicas da água, como velocidade, vazão e nível, por meio de medições, técnicas e instrumentos.

Posteriormente, apresentamos diversos tipos de medição, sendo as principais as medições de velocidade e de vazão. Nas de velocidade, podem ser usados flutuadores para mensurações diretas ou molinetes, que medem indiretamente a velocidade de um escoamento. As medições de vazão também podem ocorrer de forma direta, em que se necessita ter uma pequena descarga de água por meio da qual será medido o tempo necessário para encher um recipiente de volume conhecido, ou de forma indireta, em que são usados, por exemplo, instrumentos como placas de orifícios, bocais e medidores Venturi, os quais reduzem a seção de escoamento e provocam uma variação da velocidade e, consequentemente, da pressão, possibilitando, assim, determinar a vazão de escoamento. De forma indireta, ainda, existem os rotâmetros ou fluxômetros, os medidores magnéticos e ultrassônicos e os hidrômetros.

Por fim, definimos o que é o método eletrônico (ADCP), que, assim como o molinete, é utilizado para a medição de vazão em escoamento com superfície livre.

Para saber mais

SANTOS, I. dos et al. **Hidrometria aplicada**. Curitiba: Instituto de Tecnologia para o Desenvolvimento, 2001.

Esse livro aborda a hidrometria de forma mais aprofundada, apresentando metodologias e técnicas de medição dos recursos hídricos em quantidade e qualidade. A obra é composta por oito capítulos: "Hidrologia e hidrometria"; "Medição de variáveis hidrológicas"; "Levantamentos topográficos e batimétricos"; "Medição de vazão líquida"; "Curva de descarga"; "Medição de transporte de sedimentos"; "Coleta de amostras para monitoramento da qualidade da água"; "Monitoramento de estuários e ambientes marinhos".

Questões para revisão

1. O que é e para que serve a hidrometria?
    a. A hidrometria é a ciência que estuda a água como um todo, sendo importante para o entendimento dos fenômenos hidrológicos ocorridos no meio ambiente.
    b. A hidrometria estuda o movimento dos líquidos e serve para o correto dimensionamento de sistemas de abastecimento de água, por exemplo.
    c. A hidrometria é a ciência que estuda os fluidos em geral, sendo importante para o entendimento do comportamento destes.
    d. A hidrometria é a ciência que estuda as características físicas da água, como velocidade, vazão e nível, por meio de medições, técnicas e instrumentos. Entre suas principais finalidades estão as medições de velocidade e de vazão de um rio.

Hidrometria: processos de medidas hidráulicas

2. Como pode ser feita a medição de velocidade em um rio?
3. Quais são as maneiras possíveis de se medir a vazão em um rio?
4. Deseja-se instalar um orifício concêntrico em uma linha de recalque de 550 mm de diâmetro, para medir vazões em torno de 275 L/s. Considerando o exposto, calcule a perda de carga, sendo C_d = 0,61. Em seguida, assinale a alternativa correta:
    a. h_f = 0,93 m.
    b. h_f = 0,64 m.
    c. h_f = 0,54 m.
    d. h_f = 0,45 m.
5. Um orifício de 17 cm de diâmetro, instalado em uma canalização de ferro fundido de DN 250 mm, produz uma diferença de carga piezométrica (H) de 0,45 m. Assim, determine a vazão da canalização e a perda de carga do medidor. Depois, assinale a alternativa correta:
    a. Q = 0,0046 m³/s; h_f = 0,24 m.
    b. Q = 1,47 m³/s; h_f = 0,67 m.
    c. Q = 0,0024 m³/s; h_f = 0,46 m.
    d. Q = 0,057 m³/s; h_f = 1,24 m.

Questão para reflexão

1. Explique o que é o efeito Doppler e como ele é utilizado nos medidores eletrônicos de vazão (ADCP).

Capítulo 10

Hidráulica aplicada

Conteúdos do capítulo:
» Sistemas urbanos de abastecimento de água.
» Sistemas urbanos de esgotamento sanitário.
» Sistemas urbanos de drenagem pluvial.

Após o estudo deste capítulo, você será capaz de:
1. entender o que são sistemas urbanos de abastecimento de água, para que servem, quais são as unidades componentes desses sistemas, como estudá-los e projetá-los;
2. compreender como ocorrem a demanda e o consumo de água nas regiões, o que são os mananciais, a captação de água, a adução e a subadução, bem como de que forma é feito o tratamento da água;
3. explicar o que são os reservatórios de distribuição de água, como dimensionar as redes de distribuição de água, o que são bombas, estações de bombeamento e elevatórios e quais são as normas para sistemas de abastecimento de água;
4. sistematizar e explicar os conceitos relativos aos sistemas urbanos de esgotamento sanitário, bem como o que é o sistema separador absoluto, como se dá a concepção do sistema de esgotamento sanitário, quais são os critérios de projetos das canalizações e de que forma ocorre sua autolimpeza;
5. explicar a velocidade crítica nas canalizações, como traçar a rede coletora de esgoto, como calcular as vazões de projeto e a rede coletora de esgoto, o que são interceptores e emissários, estações de bombeamento, sifões invertidos, bem como reconhecer as principais normas para sistemas de esgotamento sanitário;
6. entender como ocorre o ciclo hidrológico, o que são as precipitações e como medi-las, o que é o escoamento superficial, a vazão de enchente, a drenagem urbana, assim como o que são a micro, a meso e macrodrenagem, além dos principais fatores hidrológicos e de outros relacionados a captação e transporte.

10.1 Sistemas urbanos de abastecimento de água

Um sistema de abastecimento de água é composto por um conjunto de estruturas cuja finalidade é abastecer de água potável determinada região, que pode ser, por exemplo, uma cidade, uma comunidade ou uma indústria. Essa água deve atender ao consumidor em quantidade, qualidade e confiabilidade, seguindo algumas normas da Associação Brasileira de Normas Técnicas (ABNT), que serão comentadas posteriormente.

Esse sistema é constituído por diversas unidades, como manancial, captação, bombeamentos, adução, tratamento, reservação, distribuição e estações de manobra.

Para a elaboração de um sistema de abastecimento de água, é necessário promover muitos estudos e projetos, pois ele deverá ter tanto a capacidade de atender às necessidades iniciais da área na qual será implantado quanto a de garantir um atendimento futuro por um período que pode variar entre 10 e 30 anos, chamado de *alcance do projeto*.

Inicialmente, deve-se definir o objetivo desse sistema de abastecimento de água, bem como os aspectos e as condições econômicas e financeiras, além de estabelecer as condições e os parâmetros locais. Ainda, é preciso:

- » promover um levantamento topográfico, geológico e geotécnico da área de implantação do sistema;
- » fazer um levantamento do número de consumidores que serão atendidos e da área que eles ocupam;
- » verificar a quantidade de água que será demandada e a vazão de dimensionamento para o alcance previsto;
- » identificar se haverá integração com um sistema já existente;
- » pesquisar e definir quais serão os mananciais;
- » estabelecer qual será o método de operação do sistema;
- » delimitar as etapas de implantação;
- » realizar uma comparação entre as várias concepções técnico-econômicas disponíveis para a região;
- » indicar a viabilidade econômico-financeira da concepção escolhida.

10.1.1 Demanda e consumo

A demanda de água representa a quantidade de água necessária a determinado consumidor. Por sua vez, o consumo representa a quantidade de água que realmente esse consumidor está recebendo e consumindo.

A fim de definir a demanda e o consumo de água de uma região, é importante saber que há vários fatores a serem considerados, os quais podem variar de cidade para cidade e, ainda, de setor para setor.

Os principais fatores que influenciam na demanda e no consumo de água são:

- » clima e hábitos da população: geralmente, lugares mais quentes apresentam maior consumo de água do que lugares mais frios, por exemplo;
- » padrão de vida da população: pessoas com alto padrão de vida costumam consumir mais água do que pessoas com padrão de vida mais baixo, principalmente pelo fato de possuírem maior poder aquisitivo;
- » sistema de fornecimento e cobrança: por exemplo, se a água entregue ao consumidor é medida e cobrada;
- » qualidade da água fornecida;
- » custo da água: tarifas mais altas induzem o consumidor a economizar no consumo de água;
- » tipos de comércio, indústria e público;
- » existência de redes de esgoto;
- » perdas físicas que podem ocorrer no sistema, as quais podem acontecer em razão da idade da rede ou, ainda, da pressão existente na rede, entre outros fatores;
- » política de gestão: por exemplo, ocasiões em que haja necessidade de corte de água.

Cabe notar ainda que, de acordo com o tipo de uso, mais ou menos água pode ser demandada, como indica a Tabela 10.1.

Tabela 10.1 – Demanda de água por grupo de uso

Natureza do consumo	%	Mínimo (L/hab.dia)	Médio (L/hab.dia)	Máximo (L/hab.dia)
Doméstica	47%	57	132	189
Comercial e Industrial	40%	38	114	379
Pública (privada e estado)	13%	19	38	57
Subtotal	**100%**	**114**	**284**	**625**
Água não medida	25%	38	94	132
Total	**125%**	**152**	**378**	**757**

Fonte: Azevedo Netto; Fernández, 2015, p. 409.

É importante observar que a demanda/consumo de água vem crescendo anualmente por conta do próprio desenvolvimento das cidades, do aumento das instalações sanitárias e da evolução dos costumes.

Além disso, existem as perdas, as quais são classificadas da seguinte forma:

- » **Perdas operacionais ou consumos operacionais**: representam as águas que são utilizadas na limpeza das tubulações e no gradeamento em que se localiza a captação da água; descargas e esvaziamentos que podem ocorrer nas tubulações de adução, para fins de manutenção; limpezas periódicas que ocorrem nas unidades de tratamento da água, entre outras.
- » **Perdas administrativas ou consumos não faturados**: representam a água que chega ao consumidor final, porém não é medida. Isso pode ocorrer, por exemplo, em virtude de ligações clandestinas, erros dos medidores, consumo de incêndio[1] e consumo de uso comum público/equipamento urbano.
- » **Perdas físicas ou vazamentos**: são mais frequentes nos ramais domiciliares e ocorrem principalmente em tubulações acima de sua vida útil ou, ainda, em virtude de rupturas por acidentes ou vandalismo.

A fim de minimizar todas as perdas por vazamentos, a administradora (no caso, a concessionária de abastecimento de água) pode propor algumas

---

[1] O consumo de incêndio se refere a uma quantidade de água deixada como reserva em caso de incêndio.

ações, como: setorização da rede; pesquisa dos vazamentos não visíveis; melhoria na qualidade dos materiais e na mão de obra na execução dos ramais prediais; substituição das tubulações acima de sua vida útil; e redução da pressão na rede.

Já com relação às perdas não físicas, são propostas ações como: atualização cadastral dos usuários; verificação das ligações inativas; melhoria da leitura dos hidrômetros; possibilidade de troca dos hidrômetros e macromedidores que estejam apresentando problemas; regularização cadastral de áreas de invasão e favelas; política de corte de água em caso de inadimplência; e detecção e combate a ligações clandestinas.

10.1.2 Variações temporais de consumo e de demanda

Como comentamos anteriormente, a quantidade de água demandada e consumida varia de cidade para cidade, de local para local e de setor para setor, mas também pode ocorrer uma variação temporal. Por exemplo, podem existir dias/meses em que a demanda e o consumo de água sejam maiores do que em outros e até mesmo em um único dia pode haver horas com maior demanda e consumo de água. Tais variações temporais devem ser levadas em conta a fim de se projetar um sistema de abastecimento de água.

Dimensionar um sistema de abastecimento de água levando-se em consideração apenas a hora de maior consumo tornaria esse sistema muito caro, pois a tubulação teria de apresentar dimensões muito grandes. Essa é a razão pela qual se fazem necessários os reservatórios de distribuição, que têm a função de equilibrar as demandas das horas de maior consumo com as horas de menor consumo. Além disso, seriam necessários reservatórios muito grandes, para atender aos dias de maior consumo, e eles também seriam muito caros.

Para resolver esse problema, definiu-se que parte do sistema (captação, tratamento e adução) deve ser dimensionada para as demandas da vazão média do dia de maior consumo. Por seu turno, o restante do sistema deve ser dimensionado para a vazão média da hora de maior consumo no dia de maior consumo.

Com o objetivo de organizar o dimensionamento dos sistemas de abastecimento de água, foram propostos dois coeficientes:

- » **Coeficiente do dia de maior consumo (k_1):** usado no dimensionamento das unidades de captação, tratamento e adução da água, refere-se à relação entre o valor do consumo máximo diário que ocorreu em determinado ano e o consumo médio diário ocorrido nesse mesmo ano.
- » **Coeficiente da hora de maior consumo (k_2):** utilizado para o dimensionamento do restante do sistema, refere-se à relação entre a maior vazão horária do dia de maior consumo e a vazão média do dia de maior consumo.

No Brasil, em virtude da ampla utilização de reservatórios domiciliares, costuma-se usar a seguinte equação:

$$k_1 \cdot k_2 = 1,65$$

- » **Coeficiente de consumo instantâneo (k_3):** diz respeito à relação entre o valor de consumo instantâneo máximo e a vazão da hora de maior consumo. Esse coeficiente, porém, é muito pouco utilizado no dimensionamento dos sistemas.

10.1.3 Vazões necessárias

Para dimensionar o sistema de abastecimento de água, é importante que sejam definidas algumas vazões:

a) **Vazão média (L/s):**

$$Q = \frac{P \cdot q}{3600 \cdot h}$$

Em que:
- » Q – vazão média, dada em L/s;
- » P – população que será abastecida, dada em habitantes (hab.);
- » q – taxa de consumo médio anual *per capita*, dada em L/hab.dia;
- » h – número de horas de funcionamento do sistema, dado em horas (h).

b) **Vazão do dia de maior consumo (L/s)**:

$$Q_1 = \frac{P \cdot q \cdot k_1}{3600 \cdot h} = k_1 \cdot Q$$

Em que:
» k_1 – coeficiente do dia de maior consumo.

c) **Vazão do dia de maior consumo na hora de maior consumo (L/s)**:

$$Q_2 = \frac{P \cdot q \cdot k_1 \cdot k_2}{3600 \cdot h}$$

Em que:
» k_2 – coeficiente da hora de maior consumo no dia de maior consumo.

10.1.4 Mananciais

Mananciais (superficiais ou subterrâneos) são fontes de água doce que pode ser utilizada para consumo humano ou qualquer outra atividade econômica que necessite de abastecimento.

Nos mananciais **subterrâneos**, a água é captada nos aquíferos, podendo provir do lençol freático, caracterizado como não confinado e que recebe água da superfície por percolação, ou do lençol artesiano, caracterizado como confinado, pois na vertical podem existir uma ou mais camadas impermeáveis entre a superfície e a camada de água.

Já os mananciais **superficiais**, como sugere a designação, são aqueles que apresentam um espelho d'água exposto superficialmente, como córregos, lagos, rios e represas. As águas desses mananciais devem atender a requisitos mínimos de qualidade e de quantidade.

10.1.5 Adução e subadução

As adutoras são as tubulações que conectam as unidades de um sistema de abastecimento de água antes de esta chegar à rede de distribuição. Estão presentes entre a captação e a tomada de água até a estação de tratamento de água (ETA) e, depois, entre a ETA e os reservatórios.

Por sua vez, as subadutoras são canalizações secundárias – derivadas das adutoras – que conduzem a água até outros pontos do sistema;

como exemplo, podemos citar aquelas que ligam dois reservatórios de distribuição.

Tanto as adutoras como as subadutoras podem ser classificadas quanto à energia de movimentação do líquido (por gravidade, recalque e mista) e quanto à natureza da água transportada, sendo categorizadas como adutoras de água bruta, que conduzem a água antes de esta ser tratada, ou adutoras de água tratada, que conduzem a água já tratada na ETA.

10.1.6 Tratamento

Para entregar uma água de qualidade (potável) aos consumidores, muitas vezes é necessário proceder ao tratamento dela, o qual ocorre nas já citadas ETAs.

Com a intenção de determinar quais serão os processos que garantirão a boa qualidade e a segurança higiênica da água, deve-se fazer um monitoramento periódico da água do manancial, verificando-se suas características físicas, químicas e biológicas.

Em geral, as águas superficiais são as que mais necessitam de tratamento, por estarem mais expostas à poluição do que as águas subterrâneas. Contudo, muitas cidades dispõem de água bruta de qualidade acessível a ponto de não precisar de um tratamento completo, sendo necessária apenas uma desinfecção, por exemplo.

Assim, a fim de definir o sistema de tratamento da água, é fundamental conhecer os padrões de potabilidade que são exigidos por normas internacionais, além de levar em consideração as variações de qualidade da água do próprio manancial.

As principais finalidades do tratamento da água, portanto, são as seguintes:

- » **Higiênicas**: eliminação ou redução de micro-organismos (bactérias, algas, protozoários, entre outros), de substâncias tóxicas ou nocivas e de teores excessivos de matéria-orgânica.
- » **Estéticas**: remoção ou redução de cor, turbidez, dureza, odor e sabor.
- » **Econômicas**: remoção ou redução da corrosividade, da incrustabilidade, da cor, da turbidez, do ferro, do manganês, do odor e do sabor.

As principais unidades que compõem uma ETA estão representadas na Figura 10.1, a seguir, e serão detalhadas posteriormente.

Hidráulica aplicada

Figura 10.1 – Principais unidades componentes de uma ETA

Estação de tratamento de água

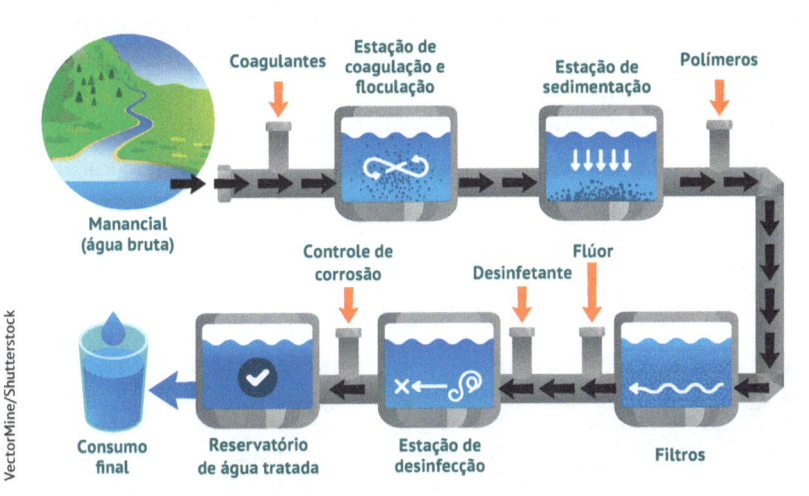

VectorMine/Shutterstock

I. Micropeneiramento

Tem a função de reter os sólidos finos não coloidais em suspensão, como algas.

II. Aeração

Tem a função de remover os gases dissolvidos, o odor e o sabor, bem como ativar o processo de oxidação da matéria orgânica por meio da introdução do oxigênio. Para tanto, são utilizados aeradores de queda, por gravidade; de repuxo; de ar difuso; e aeradores mecânicos.

III. Coagulação e floculação

A coagulação, chamada de *mistura rápida*, consiste em dispersar de forma rápida e homogênea o coagulante na água, para que as impurezas em suspensão se aglomerem em flocos (partículas maiores) e, posteriormente, possam ser removidas nos sedimentadores e/ou filtros.

A mistura rápida pode ser feita na calha Parshall, que mede a vazão da chegada da água na ETA, momento em que o coagulante é injetado. Ainda, pode ser realizada em câmeras especiais de mistura rápida, por meio de agitadores mecânicos. Outra opção é o uso de estatores, dispositivos inseridos dentro da tubulação em forma de chicanas internas e que provocam muita turbulência (o coagulante é injetado nessas chicanas).

A floculação, chamada de *mistura lenta*, refere-se à continuação do processo de formação dos flocos. Essa etapa tem a finalidade de aumentar o contato entre as impurezas da água e os flocos que se formam pela ação do coagulante.

A mistura lenta ocorre nos floculadores, os quais podem ser hidráulicos ou mecanizados. Os hidráulicos mais comuns são as chicanas (Figura 10.2), conjunto de cortinas verticais que formam compartimentos em série. Os floculadores mecanizados fazem a agitação por meio de pás rotativas ou turbinas verticais.

Figura 10.2 – Floculador hidráulico com chicanas verticais

Panupol Netkhun/Shutterstock

Com relação aos coagulantes, são utilizados os sulfatos de alumínio e de ferro, sendo o sulfato de alumínio o mais comum por ter baixo custo e não causar grandes impactos ambientais. Na floculação, são mais comumente utilizados polímeros e álcalis.

IV. **Decantação/Sedimentação**

Nessa etapa, os flocos maiores e mais pesados já foram formados na etapa anterior e, assim, passam a se depositar no fundo dos decantadores. Depois de a água ter sido decantada, ela é coletada por calhas superficiais e levada à etapa seguinte.

Os decantadores podem ser de escoamento horizontal, no qual a água que se decantará escoa na horizontal, ou de escoamento vertical, em que a água transita na vertical. A Figura 10.3 apresenta a fotografia de um sistema de decantadores.

Figura 10.3 – Sistema de decantadores

Land_bun/Shutterstock

O lodo que fica sedimentado no fundo do decantador deve ser removido periodicamente. Normalmente, esse processo é feito por raspadores mecanizados que concentram o lodo em bocais de sucção. É necessário, portanto, que os decantadores apresentem um caimento adequado no fundo, para facilitar a retirada do lodo.

V. **Filtração**

Na filtração, a água atravessa um leito filtrante – em geral, areia ou areia e carvão – para que as partículas em suspensão fiquem nele retidas.

Podem ser empregados dois tipos de filtros de areia: os filtros lentos e os filtros rápidos. Os lentos são normalmente utilizados em água bruta que apresenta pouca turbidez e baixa cor ou após o pré-tratamento, no qual não há a exigência de coagulação e sedimentação. Na prática, esse tipo de filtro é usado para pequenas vazões.

Já os filtros rápidos recebem a água que veio de um processo de coagulação, floculação e decantação. Suas camadas filtrantes podem ser simples (areia), duplas (areia e antracito) ou triplas (granada, areia e antracito).

VI. **Desinfecção**

É uma etapa obrigatória em todas as ETAs, por garantir que a água será entregue ao consumidor final livre de micro-organismos patogênicos. Normalmente, o produto mais utilizado para esse fim é o cloro.

Nessa etapa, ainda, muitas vezes ocorrem a adição de cal, para a correção do pH, e a adição de flúor (fluoretação), que tem a finalidade de proteger a saúde bucal (redução no índice de cáries) da população.

Além do cloro, para a remoção dos micro-organismos patogênicos, podem ser utilizados a radiação ultravioleta e o ozônio, embora na prática o uso de ambos ainda não seja corrente em larga escala.

10.1.7 Reservatórios de distribuição

Os reservatórios de distribuição são utilizados para reservar a água e compensar as variações horárias de vazão. Podem ser classificados quanto à sua posição topográfica, podendo ser enterrados, semienterrados, apoiados ou elevados, e quanto à sua posição em relação à rede de distribuição, podendo estar a montante ou a jusante da rede.

Além de compensar as variações horárias de vazão (volume útil), parte de seu volume deve ser deixada para o combate a incêndios e para atender a emergências (como reparos nas instalações e interrupções de adução), além de permitir manobras de bombeamento nos períodos de tarifa de eletricidade alta.

10.1.8 Redes de distribuição

As redes de distribuição são unidades que conduzem a água até os consumidores finais (residências, comércios, indústrias, entre outros) com qualidade e quantidade adequadas e sob pressões estabelecidas. São compostas de um conjunto de tubulações, conexões e peças especiais e, em geral, acompanham o traçado das ruas e calçadas.

As redes de distribuição são formadas, portanto, de condutos principais, que apresentam maior diâmetro e alimentam os condutos secundários, sendo que estes apresentam menor diâmetro e abastecem diretamente os prédios atendidos pelo sistema.

Essas redes podem, ainda, ser ramificadas, apresentando um único sentido de circulação de água, ou malhadas, admitindo diferentes sentidos de vazão de acordo com as diferenças de pressão apresentadas.

Existem diversos métodos de dimensionamento das redes de distribuição. Entre eles, o método Hardy-Cross é o mais utilizado no dimensionamento de redes malhadas.

10.1.9 Bombas e estações de bombeamento

Na maior parte dos casos, as bombas são necessárias para inserir energia no sistema, principalmente na captação das águas superficiais ou subterrâneas ou para ganhar altura até pontos mais elevados.

Normalmente, no mínimo duas bombas são utilizadas, sendo que uma é reserva, ou podem existir casos em que há a necessidade de utilizar mais de uma bomba para entregar a vazão demandada ou vencer o desnível requerido.

A esse conjunto de bombas dá-se o nome de *estação de bombeamento*, *casa de bombas* ou *estação elevatória*.

10.1.10 Normas para sistemas de abastecimento de água

Há uma série de normas da Associação Brasileira de Normas Técnicas (ABNT) que buscam padronizar em nível mundial o dimensionamento dos sistemas de abastecimento de água. Porém, não são normas obrigatórias, apenas recomendações.

O Quadro 10.1 lista as principais normas ABNT aplicáveis aos sistemas de abastecimento de água.

Quadro 10.1 – Principais normas da ABNT aplicáveis aos sistemas de abastecimento de água

NBR	Ano	[...]	Assunto
9650	1986		Verificação da estanqueidade no assentamento de adutoras e redes de água
12211	1992		Estudo de concepção dos sistemas públicos de abastecimento de água
12212	2006		Projeto de poço tubular para captação de água subterrânea
12213	1992		Projeto de captação de água de superfície para abastecimento público
12214	1992	[...]	Projeto de sistema de bombeamento de água para abastecimento público
12215	1991		Projeto de adutoras de água para abastecimento público
12216	1992		Projeto de estação de tratamento de água para abastecimento público
12217	1994		Projeto de reservatório de distribuição de água para abastecimento público
12218	1994		Projeto de redes de distribuição de água para abastecimento público
12586	1992		Cadastro de sistemas de abastecimento de água

Fonte: Azevedo Netto; Fernández, 2015, p. 441.

10.2 Sistemas urbanos de esgotamento sanitário

Em uma localidade na qual foi implantado um sistema de abastecimento de água, há a necessidade posterior de coletar, afastar e dispor a água consumida. Se esse processo não for feito, essa água, chamada de *água servida*, poderá acabar poluindo o solo e contaminando os cursos d'água e os lençóis freáticos.

Sob essa ótica, os principais objetivos da implantação de um sistema de esgotamento sanitário são: melhorar as condições higiênicas do local, reduzindo a incidência de doenças; conservar os recursos naturais; preservar áreas que possam ser utilizadas para recreação e lazer; e proteger as comunidades que estejam localizadas após o sistema.

Assim, um sistema de esgotamento sanitário é composto por um conjunto de obras que fazem a coleta, o afastamento e a disposição final das águas servidas, podendo estas ser domésticas, industriais, comerciais etc. Se houver tratamento, este ocorrerá antes da disposição final, a fim de minimizar o impacto ambiental no corpo receptor. O intuito é que esse sistema afaste os esgotos de forma segura e preservando o meio ambiente.

10.2.1 Sistema separador absoluto

Na América Latina, em geral, e no Brasil, utiliza-se o sistema separador absoluto, o qual apresenta uma canalização para o esgoto sanitário e outra para as águas pluviais.

As principais justificativas para o uso desse sistema são: utilização de materiais mais adequados ao contato químico-biológico com os esgotos nas canalizações, que têm diâmetros menores, apresentando menores custos e maior facilidade de construção; sistema de coleta de água pluvial com um custo muito menor; melhores condições de tratamento dos esgotos, pois muitas vezes, em um sistema unitário, no qual há uma única tubulação para esgotamento sanitário e água pluvial, há extravasamento do efluente quando ocorrem chuvas intensas e poluição do corpo receptor; e menor custo de construção.

10.2.2 Critérios de projetos de canalizações

Nesta seção, abordaremos os principais critérios de projetos de canalização utilizados atualmente.

» **Seção molhada dos condutos**

Diferentemente do que ocorre nas canalizações dos sistemas de abastecimento de água, coletores, interceptores e emissários funcionam como condutos livres, e sempre se conhece a trajetória do escoamento.

Esses coletores devem ser projetados para trabalhar com uma lâmina de água de, no máximo, 75% do diâmetro da tubulação, deixando-se sempre uma folga para prováveis flutuações que possam ocorrer. Considera-se o escoamento uniforme e permanente de forma que a linha de energia seja equivalente à declividade do conduto e à perda de carga unitária.

Para determinar o diâmetro considerando-se uma altura de lâmina d'água de, no máximo, $0{,}75 \cdot D$, utiliza-se a seguinte equação:

$$D = 0{,}3145 \cdot \left(\frac{Q_f}{\sqrt{I}}\right)^{\frac{3}{8}}$$

Em que:
- » D – diâmetro interno do tubo, em m;
- » Q_f – vazão final de jusante no trecho, em m³/s;
- » I – declividade do trecho, em m/m.

» **Diâmetro mínimo**

Não há consenso sobre qual deve ser o diâmetro mínimo de condutores, interceptores e emissários, pois isso pode variar com as condições locais, a operadora e o tipo de ocupação. Existem apenas algumas recomendações. A Companhia de Saneamento Básico do Estado de São Paulo (Sabesp, 2020) indica que o diâmetro mínimo para qualquer tipo de ocupação (exclusivamente residencial, mista, industrial ou de baixa renda) seja de 150 mm. Já a NBR 9649/1986 (ABNT, 1986) recomenda um diâmetro mínimo de 200 mm em áreas mistas e industriais, de 150 mm em áreas exclusivamente residenciais e de 100 mm em áreas de baixa renda.

» **Profundidades mínima e máxima**

Para que não existam problemas com relação às cargas externas, sugere-se uma profundidade a partir da borda superior externa de 90 cm. Já para garantir que o escoamento seja feito por gravidade, recomenda-se uma profundidade mínima de 1,5 m (em relação à borda superior).

Em geral, trabalha-se com uma profundidade ótima entre 1,8 e 2,5 m, com vistas a facilitar o esgotamento dos prédios, bem como evitar a interferência de outras canalizações e escavações desnecessárias.

Como profundidade máxima, costuma-se adotar a medida de 4,5 m. Isso ocorre levando-se em consideração a economia do sistema, em virtude das condições de execução e manutenção da rede pública e dos coletores prediais, pois o custo das redes de esgoto aumenta de acordo com a profundidade em que elas são assentadas.

» **Velocidade crítica e velocidade máxima**

De acordo com a NBR 9649/1986 (ABNT, 1986), quando a velocidade final (V_f), verificada no alcance do plano, é superior à velocidade crítica (V_c), a lâmina de água deve ser reduzida a 50% do diâmetro, sendo determinada por:

$$V_c = 6 \cdot (g \cdot R_H)^{\frac{1}{2}}$$

Em que:

» V_c – velocidade crítica do escoamento, em m/s;
» g – aceleração da gravidade, em m/s²;
» R_H – raio hidráulico do final do plano, em m.

Essa recomendação deve ser seguida para que o ar não entre no escoamento e para que aumente a área molhada no conduto.

Além disso, há a recomendação de que a declividade máxima seja aquela que corresponda à velocidade final (V_f) de 5 m/s, a fim de que não ocorra erosão na tubulação.

» **Vazão mínima**

A vazão mínima recomendada pela norma NBR 9649/1986 (ABNT, 1986) é de 1,5 L/s.

» **Materiais**

Durante muito tempo, a manilha cerâmica foi o material mais utilizado nas redes de esgoto. Além dela, são também empregados concreto especial, ferro fundido, PVC, fibra de vidro, polietileno, entre outros.

Quando há despejos industriais, muitas vezes é necessário que o tubo seja composto de produtos, aditivos e curas especiais. Atualmente, os tubos mais usados são os de PVC e de PEAD.

10.2.3 Traçado da rede coletora

Com a planta topográfica do local onde será implantado o sistema de esgoto sanitário, devem ser identificados o arruamento, as curvas de nível e a área a ser esgotada. Para a indicação dos trechos de coletores e seus sentidos de escoamento, é preciso seguir o traçado das ruas e as declividades naturais do terreno.

Os coletores e os respectivos trechos devem ser identificados, sendo que o coletor principal recebe o número 1 e aos outros restam os números sequenciais. Os trechos dos coletores também devem receber numeração sequencial crescente de montante para jusante.

10.2.4 Cálculo das vazões de dimensionamento

Definido o traçado da rede, parte-se para a determinação das vazões dos trechos, de seus diâmetros e das declividades.

» **Esgotos domésticos**

Para determinar as vazões médias de contribuição de esgoto doméstico, inicial e final, ao alcance do plano, utilizam-se as seguintes equações:

$$\overline{Q_i} = \frac{(C \cdot P_i \cdot q_i)}{86400}$$

E

$$\overline{Q_f} = \frac{(C \cdot P_f \cdot q_f)}{86400}$$

Em que:
» Q_i – contribuição média inicial de esgoto doméstico, em L/s;
» C – coeficiente de retorno, adimensional;
» P_i – população inicial, em habitantes (hab.);
» q_i – consumo de água efetivo *per capita* inicial, em L/hab.dia;
» P_f – população final, em habitantes (hab.);
» q_f – consumo efetivo *per capita* final, em L/hab.dia.

» **Esgoto industrial (Q_c)**

Quando há pequenos consumos industriais, estes já estão incluídos no consumo *per capita* efetivo (q). Somente quando há contribuições maiores é que elas devem ser acrescentadas como contribuições concentradas nos respectivos trechos.

» **Água de infiltração**

A água do subsolo que penetra nas canalizações de esgoto é chamada de *água de infiltração*. Para determinar a quantidade de água infiltrada, as normas recomendam valores entre 0,05 e 1,00 L/s.km.

» **Esgoto sanitário**

O esgoto sanitário corresponde ao despejo líquido composto de esgoto doméstico e industrial, água de infiltração e ligações clandestinas.

É necessário determinar as taxas de contribuição para serem calculadas as vazões de contribuição do esgoto sanitário das áreas de expansão ou dos trechos.

10.2.5 Dimensionamento da rede coletora

Para dimensionar a rede coletora de esgotos, usualmente são utilizadas planilhas de cálculo.

10.2.6 Interceptores e emissários

O dimensionamento de interceptores e emissários é feito de forma diferente daquela observada para condutos da rede coletora.

De acordo com a norma NBR 12207/2016 (ABNT, 2016), a estrutura que tem a função de receber e transportar o esgoto sanitário coletado é o interceptor, que se caracteriza pela defasagem das contribuições, resultando em um amortecimento das vazões máximas.

Os interceptores são, portanto, canalizações que recebem a contribuição dos coletores, dos coletores-tronco e de outros interceptores, não recebendo nenhum tipo de contribuição ao longo de seu trecho. Em geral, eles estão localizados nas partes mais baixas das bacias de esgotamento e nas margens de cursos d'água, lagos e mares.

10.2.7 Estações de bombeamento

As recomendações para as estações de bombeamento se encontram na norma NBR 12208/2020 (ABNT, 2020).

Tais estações são utilizadas na coleta, quando há necessidade de elevação das águas servidas de pavimentos que estejam abaixo do coletor predial. Podem ser usadas no transporte, para que os coletores públicos não se localizem em grandes profundidades. Quando há a instalação de uma rede nova e esta se localiza em cotas inferiores às da rede já existente, são utilizadas as estações de bombeamento. Muitas vezes, é necessário elevar as águas servidas para que cheguem à cota da estação de tratamento de efluentes (ETE). Por fim, podem ainda ser usadas na disposição final, quando o corpo receptor está em condição desfavorável.

10.2.8 Normas para sistemas de esgotamento sanitário

A ABNT padroniza normas não obrigatórias para as instalações dos sistemas de esgotamento sanitário, apresentadas no Quadro 10.2.

Quadro 10.2 – Principais normas da ABNT para instalações de sistemas de esgotamento sanitário

NBR	Ano	[...]	Assunto
9648	1986		Estudo de concepção de sistemas de esgoto sanitário
9649	1986		Projeto de redes coletoras de esgoto sanitário
9814	1987		Execução de redes coletoras de esgoto sanitário
12207	1992[1]		Projeto de interceptores de esgoto sanitário
12208	1992[2]		Projeto de estações elevatórias de esgoto sanitário
12209	2011	[...]	Elaboração de projetos hidráulico-sanitários de estações de tratamento de esgotos sanitários
12587	1992		Cadastro de sistemas de esgoto sanitário
7229	1997		Projeto, construção e operação de sistemas de tanque sépticos
9800	1987		Lançamento de efluentes líquidos industriais em sistemas públicos de esgoto sanitário
7367	1988		Projeto e assentamento de tubulações de PVC rígido para sistemas de esgoto sanitário

Fonte: Azevedo Netto; Fernández, 2015, p. 467.

10.3 Sistemas de drenagem pluvial

Os sistemas de drenagem pluvial são compostos de estruturas que conduzem a água da chuva para um corpo receptor.

Assim, é importante relembrar que as principais fases do ciclo hidrológico são a precipitação, o escoamento superficial, a infiltração e a evaporação. Porém, para os sistemas de drenagem pluvial, as etapas mais importantes são a precipitação e o escoamento superficial.

---

1 Atualizada em 2016 (ABNT, 2016).

2 Atualizada em 2020 (ABNT, 2020).

10.3.1 Precipitações

As precipitações são caracterizadas pelas águas que chegam à atmosfera sob a forma de vapor, condensam-se e caem em forma de chuva.

Cabe ressaltar que há grande variação tanto nas quantidades de chuvas ocorridas em um mesmo local e data quanto nas observadas em locais diferentes para um período de tempo próximo.

A fim de conhecer melhor o comportamento das chuvas, pode-se instalar uma rede de pluviômetros, equipamentos que medem a quantidade de chuva pela leitura da altura pluviométrica, em um recipiente padronizado com área de 500 cm² e instalado a 1,5 m de altura do chão (Figura 10.4). As leituras devem ser realizadas diariamente em provetas graduadas. Existem também os pluviógrafos, que registram em gráficos as alturas pluviométricas atingidas a cada instante de tempo.

Figura 10.4 – Pluviômetro

Vadym Zaitsev/Shutterstock

Atualmente, a Agência Nacional de Águas (ANA) coordena todos os dados hidrológicos do Brasil e os disponibiliza em seu *site* oficial a todos os interessados.

Para entender melhor as precipitações, além da altura pluviométrica, é importante conhecer: a duração das chuvas, que corresponde ao intervalo de tempo que um evento de chuva terá; a intensidade das chuvas, que se refere à relação entre altura e duração; a frequência das chuvas, isto é, quantas vezes uma dada chuva ocorre ou é superada em um tempo determinado; e a recorrência da chuva, que é o inverso da frequência, ou seja, o período em que uma dada chuva ocorre ou é superada.

Com base em estudos estatísticos, notou-se que a intensidade da precipitação é diretamente proporcional ao seu tempo de recorrência e inversamente proporcional à sua duração. Chuvas mais intensas, portanto, são menos frequentes e de curta duração. Uma das equações mais usadas para a determinação da intensidade das chuvas é a seguinte:

$$i = \frac{a \cdot T_R^n}{(t_n + b)^m}$$

Em que:
- » i – intensidade da precipitação;
- » T_R – tempo de recorrência;
- » t_n – tempo de duração da chuva;
- » a, b, n, m – parâmetros que variam para cada região.

10.3.2 Escoamento superficial

De toda a água que cai em forma de chuva, parte dela infiltra no solo, e outra parte escoa sobre a superfície, sendo esta o chamado *escoamento superficial*. A relação existente entre essas duas parcelas varia conforme alguns fatores, tais como local, tipo de solo, declividade, vegetação, impermeabilização, capacidade de infiltração e condições meteorológicas.

- » **Coeficiente de deflúvio ou de escoamento (C)**

Trata-se da relação entre a quantidade de chuva precipitada e a quantidade de chuva escoada, expressa pela seguinte equação:

$$C = \frac{Q}{P}$$

Em que:
» C – coeficiente de deflúvio ou de escoamento, adimensional;
» Q – vazão escoada superficialmente;
» P – precipitação ocorrida.

» **Bacia hidrográfica**

É uma área composta de um curso d'água principal; toda a precipitação que cai sobre essa área é drenada em direção a esse curso d'água, no qual é indicada uma seção de drenagem, que se constitui em uma seção transversal por meio da qual se deseja determinar a variação de vazão ocorrida durante uma precipitação. O esquema de uma bacia hidrográfica está apresentado na Figura 10.5.

Figura 10.5 – Esquema representativo de uma bacia hidrográfica

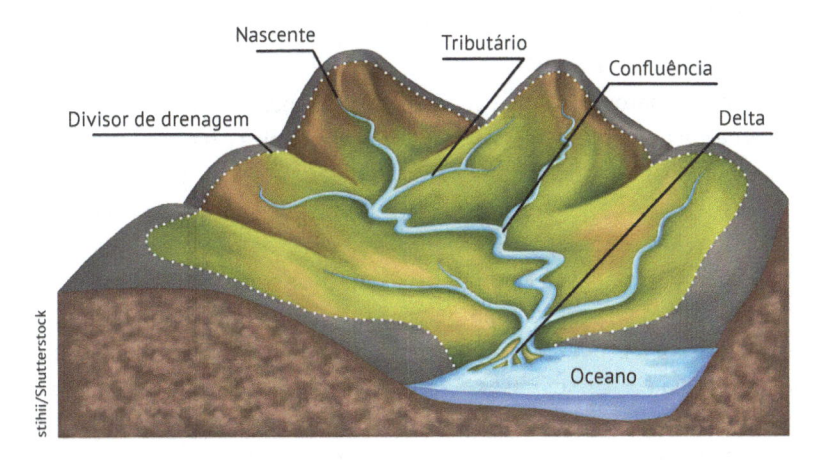

» **Tempo de concentração**

O tempo de concentração diz respeito ao tempo necessário para que a bacia hidrográfica esteja contribuindo para a vazão na seção de drenagem. É também definido como o tempo de percurso de uma porção de chuva ocorrida no ponto mais distante da bacia até a seção de drenagem.

O tempo de concentração depende de muitas características físicas da bacia hidrográfica, como o comprimento e a declividade do talvegue, isto é, do vale principal. Existem diversas equações para determinar o tempo de concentração.

10.3.3 Vazões de enchente

As vazões de enchente, também conhecidas como *vazões de projeto*, são importantes para o dimensionamento das estruturas hidráulicas, como bueiros, galerias de águas pluviais, vertedores e barragens.

Para determinar as vazões de enchentes, podem ser utilizados métodos empíricos, estatísticos, hidrometeorológicos e o método racional.

» **Métodos empíricos**

No caso da utilização dos métodos empíricos, são disponibilizadas várias fórmulas que correlacionam a vazão de uma bacia hidrográfica às suas características físicas, como a área, e às características específicas da precipitação (duração, frequência, intensidade, altura, recorrência). Como todas essas características variam conforme a localidade, o uso dessas fórmulas fica limitado.

» **Métodos estatísticos**

Quando os métodos estatísticos são utilizados para a determinação das vazões de enchentes, considera-se a questão econômica a partir de um risco admissível, avaliando-se os prejuízos que podem ocorrer com possíveis danos e os custos de serem construídas estruturas de dimensões maiores.

Para isso, deve-se determinar a probabilidade de ocorrência de uma dada vazão. Assim, analisa-se a vazão máxima observada em cada ano para uma série grande de anos; quanto maior for o número de anos observados, maior será a probabilidade (P) de um evento ocorrer, tendo em vista sua frequência (f). Nesses casos, a frequência pode ser usada no lugar da probabilidade.

Tendo sido definida a probabilidade (P) de um evento, deve-se determinar a recorrência desse evento pela seguinte equação:

$$T_R = \frac{1}{P}$$

Em que:
» T_R – tempo de recorrência, em anos;
» P – probabilidade de ocorrer determinado evento.

Essa equação demonstra que, quanto maior for a probabilidade de ocorrer determinado evento, menor será o tempo de recorrência. Por exemplo, ao considerar que uma vazão máxima tem uma probabilidade de 1% de ocorrer, assume-se um risco de essa vazão ocorrer de 1% ou 0,01. Inserindo-se essa probabilidade na equação, obtém-se um tempo de recorrência de 100 anos. Isso significa que essa vazão poderá ocorrer, em média, uma vez a cada 100 anos no local do projeto. Por sua vez, quando se considera que a probabilidade de essa vazão ocorrer (risco) é de 25% ou 0,25, o tempo de recorrência de acordo com a equação será de quatro anos. Assim, essa vazão poderá ocorrer, em média, uma vez a cada quatro anos no local do projeto.

» **Métodos hidrometeorológicos**

Para usar métodos hidrometeorológicos, é necessário avaliar a máxima precipitação provável em determinada área por meio da análise das condições meteorológicas.

A grande dificuldade desse método consiste na necessidade de se trabalhar com um grande número de dados hidrológicos e meteorológicos, muitas vezes não disponíveis.

Assim, esse método é mais usado em obras de grande porte e, consequentemente, de grande responsabilidade.

» **Método racional**

Para aplicar o método racional, utiliza-se a seguinte equação:

$$Q = C_m \cdot i_m \cdot A$$

Em que:
- » Q – vazão de enchente na seção de drenagem, em m³/s;
- » C_m – coeficiente de escoamento superficial da bacia hidrográfica, adimensional;
- » i_m – intensidade média da precipitação sobre toda a área da bacia, com duração igual ao tempo de concentração, dada em m³/s.ha (hectare);
- » A – área da bacia hidrográfica, em ha (hectare).

A recomendação para a utilização desse método é que ele seja aplicado para bacias pequenas de até 500 ha. Porém, em razão de sua simplicidade e praticidade, ele vem sendo empregado para bacias até três ou quatro vezes maiores que esse limite e quanto a chuvas com retorno não superior a 50 anos.

10.3.4 Drenagem urbana

Para projetar um sistema de drenagem urbana, deve-se levar em consideração não só aspectos técnicos e econômicos, mas também aspectos urbanísticos e sociopolíticos.

Com relação aos aspectos técnicos e econômicos, é preciso saber que a água da chuva precisa de um espaço para escoar e ser acumulada. Esse espaço naturalmente é o fundo dos vales. Porém, o que ocorre atualmente é um desordenamento na ocupação desses vales, de forma a gerar uma série de problemas, como inundações.

Sob essa ótica, para minimizar esses problemas, é necessário contar com espaços para que a água da chuva infiltre no solo, seja retida e acumulada e escoe superficialmente. Por isso, é importante que existam áreas verdes nas cidades, como parques, jardins e áreas de preservação ambiental, principalmente situadas às margens dos cursos d'água.

10.3.5 Elementos de captação e transporte

Na sequência, apresentaremos os principais elementos de captação de transporte usados nos sistemas de drenagem pluvial.

» **Sarjetas e sarjetões**

São canais longitudinais que acompanham o sentido das vias e que têm a função de coletar e conduzir as águas superficiais caídas nesses espaços, como demonstrado na Figura 10.6.

Figura 10.6 – Sarjeta

Simone Hogan/Shutterstock

Hidráulica aplicada

Normalmente, esses canais têm seção triangular. A vazão máxima que uma sarjeta comporta pode ser determinada pela fórmula de Manning, considerando-se n = 0,016 (concreto rústico):

$$Q = \frac{A}{n} \cdot R_H^{\frac{2}{3}} \cdot I^{\frac{1}{2}}$$

Em que:
- » Q – vazão máxima da sarjeta, em m³/s;
- » A – área da sarjeta, em m²;
- » n – coeficiente de Manning, adimensional;
- » R_H – raio hidráulico da sarjeta, em m;
- » I – declividade da rua, em m/m.

» **Bocas de lobo**

As bocas de lobo, apresentadas na Figura 10.7, estão localizadas nas sarjetas e, assim, captam as águas que estão escoando nelas e as destinam às galerias de águas pluviais. Elas podem ser de guia, de sarjeta ou mistas, com grelhas ou não. Além disso, podem estar situadas em ambos os lados das ruas e são acionadas quando as sarjetas atingem sua capacidade hidráulica.

Figura 10.7 – Boca de lobo

» **Tubos de ligação**

Funcionam como ligações entre as bocas de lobo e os poços de visita ou caixas de ligação.

» **Caixas de ligação**

Recebem os tubos de ligação das bocas de lobo ou servem para evitar muitas ligações em um mesmo poço de visita, no qual são previstas no máximo quatro ligações.

» **Poços de visita**

Como o próprio sugere, são estruturas utilizadas para que se tenha acesso às galerias de águas pluviais, a fim de que sejam feitas inspeções e manutenções. Os poços de visita também recebem as ligações das bocas de lobo.

» **Galerias**

As galerias têm a função de conduzir até o corpo receptor toda a água de chuva proveniente das sarjetas e das bocas de lobos. A Figura 10.8 ilustra uma grande galeria de água pluvial em uma cidade.

Figura 10.8 – Galeria de água pluvial

WindVector/Shutterstock

Para dimensionar as galerias, admite-se que o tempo de concentração da chuva será igual à duração desta e resultará na vazão máxima, que a intensidade da chuva será constante, que não haverá alteração da permeabilidade da superfície durante a chuva e que o regime de escoamento será permanente, uniforme e em conduto livre.

Admitem-se ainda: diâmetro nominal (DN) mínimo de 300 mm e seção plena (y = 0,95 × DN) nas seções circulares; altura de 0,5 m e altura livre mínima de 0,10 × H nas seções retangulares; velocidade mínima de 0,75 m/s; velocidade máxima de 5 m/s; declividade econômica igual à do terreno no trecho em questão; recobrimento mínimo de 1 m; profundidade máxima de 3,5 m. Além disso, as dimensões internas da jusante não podem, em hipótese alguma, ser maiores do que as dimensões internas da montante. Quando há mudança de diâmetro, as geratrizes superiores internas têm de estar alinhadas.

10.3.6 Roteiro para elaboração de projeto de sistema de água pluvial urbana de determinada área

A elaboração do projeto pode ser dividida em três fases: anteprojeto (estudos preliminares), projeto básico e projeto executivo.

» **Anteprojeto**

Nessa etapa, devem ser coletados e analisados todos os dados disponíveis, como dados topográficos, informações sobre o planejamento urbano da região, dados cadastrais do sistema de drenagem (se existirem), curvas características ou equações de intensidade-duração-frequência das precipitações para o local do projeto (se existirem), dados pluviométricos e dados fluviométricos.

Posteriormente, deve-se elaborar uma planta geral da bacia e determinar qual área será atendida pelo projeto.

Ainda, é preciso conhecer os índices de ocupação urbana e de impermeabilização da bacia, bem como as características da vegetação que já existe na bacia e o tipo de solo nela encontrado.

Após o levantamento de todos esses dados, devem ser formuladas alternativas para o sistema de água pluvial que será implantado.

Além disso, é necessário executar o levantamento topográfico contemplando-se a planimetria das vias existentes, o nivelamento dos pontos de cruzamento e de mudança de greide e de direção dos logradouros existentes na área, assim como o levantamento cadastral das instalações subterrâneas que possam interferir no sistema de água pluvial.

Deve-se promover, também, a realização de um estudo a respeito da bacia contribuinte e de qual área será drenada, para que, em seguida, seja possível demarcar a bacia e as sub-bacias de drenagem, suas linhas de cumeeira (divisores de água) e seus fundos de vale (talvegues).

A fim de que sejam concebidas algumas alternativas de projeto, é importante determinar alguns parâmetros e critérios, como a chuva crítica que será considerada, os tempos de recorrência que serão adotados, os critérios de determinação das intensidades médias de precipitação, os índices de impermeabilização da bacia, os critérios para avaliar o coeficiente de escoamento superficial a ser adotado, o método e as fórmulas que serão utilizados para determinar as vazões de dimensionamento e os cursos d'água que receberão o efluente do sistema coletor.

Após a concepção das alternativas, é necessário avaliar os investimentos necessários para cada uma delas.

Por fim, deve-se elaborar o memorial descritivo e justificativo de todas as alternativas concebidas, apresentando-se o resultado de todos os estudos realizados e suas conclusões e recomendações.

» **Projeto básico**

Depois de definir qual alternativa será executada, é importante fazer um orçamento mais preciso dela, além de aprimorar o cálculo das vazões de dimensionamento para o sistema.

Deve-se analisar, ainda, a necessidade de obras complementares, como obras de proteção e dissipação de energia. Caso seja preciso, elas devem ser dimensionadas.

Novamente, é importante efetuar a elaboração de um memorial descritivo e justificativo com todas as soluções adotadas, contemplando-se a caracterização de toda a área de estudo, os critérios e parâmetros adotados no projeto, a avaliação das vazões que serão escoadas, o dimensionamento hidráulico de todas as soluções adotadas, o pré-dimensionamento estrutural, as especificações e as conclusões.

Nessa etapa, também são elaborados desenhos e o que mais se fizer necessário em escala adequada, para possibilitar a compreensão do sistema proposto.

Cabe acrescentar que devem ser especificados os serviços, os materiais e os equipamentos que serão utilizados, além de determinar as quantidades de serviços e de materiais. Por fim, é importante fazer um orçamento de tudo o que foi proposto.

» **Projeto executivo**
Nessa etapa, faz-se o detalhamento do projeto básico, com o intuito de estabelecer um orçamento com mínima margem de incerteza (em torno de 10%).

É necessário, portanto, realizar um levantamento planialtimétrico contendo todas as faixas de implantação dos coletores principais e dos canais para os cursos d'água, cadastrar todas as possíveis interferências do subsolo, calcular e desenhar o projeto estrutural de todas as partes que vão compor o sistema, definir as especificações dos materiais e serviços a serem utilizados, bem como suas quantidades, para a construção do sistema e orçar todas as obras que serão executadas.

Síntese

Neste capítulo, abordamos algumas aplicações da hidráulica. Inicialmente, apresentamos o sistema urbano de abastecimento de água, o qual se constitui de um conjunto de obras com o objetivo de entregar água de qualidade e na quantidade demandada ao consumidor final. Comentamos todas unidades que compõem um sistema de abastecimento de água e a função de cada uma delas. Mencionamos, ainda, algumas equações para que sejam determinadas as vazões de dimensionamento desse sistema. Por fim, indicamos as normas da ABNT referentes aos sistemas de abastecimento de água.

Em um segundo momento, versamos sobre o sistema urbano de esgotamento sanitário, o qual normalmente se faz necessário quando o sistema de abastecimento de água já foi implantado, pois toda a água usada neste será, então, encaminhada ao sistema de esgotamento sanitário. Nessa perspectiva, o sistema de esgotamento sanitário consiste em um conjunto de obras cuja finalidade é coletar, afastar e dispor toda a água que já foi utilizada (água servida) pelo consumidor (doméstico, comercial ou industrial), de forma segura, em um corpo receptor – geralmente, um curso d'água. Além disso, identificamos todas as unidades componentes do sistema de esgotamento sanitário e suas funções, bem como as vazões de dimensionamento a serem utilizadas no projeto desse sistema. Por fim, destacamos as normas da Associação Brasileira de Normas Técnicas (ABNT) referentes ao sistema de esgotamento sanitário.

Por último, apresentamos o sistema de drenagem pluvial, que tem o objetivo de coletar e dispor toda a água de chuva de determinada área em um corpo receptor – em geral, um curso d'água. Abordamos conceitos importantes relativos a precipitações e escoamento superficial, as duas principais fases do ciclo hidrológico de interesse ao sistema de drenagem pluvial. Estruturas componentes do sistema, como sarjetas, bocas de lobo, tubos de ligação e poços de visita, também foram detalhados. Finalmente, sintetizamos o exposto em um passo a passo para a elaboração do projeto de um sistema de drenagem pluvial, descrevendo suas três principais etapas: anteprojeto (estudos preliminares), projeto básico e projeto executivo.

Para saber mais

GOMES, H. P. **Sistemas de abastecimento de água**: dimensionamento econômico e operação de redes e elevatórias. João Pessoa: Ed. da UFPB, 2009.

Referência na temática dos sistemas de abastecimento de água, esse livro tem o objetivo de apresentar as técnicas de dimensionamento econômico e de simulação da operação de sistemas de abastecimento de água. A obra descreve metodologias fundamentadas em técnicas de otimização econômica para o dimensionamento das redes de distribuição de água e das estações elevatórias.

Questões para revisão

1. Explique quais são as principais unidades componentes de um sistema de abastecimento de água e suas funções.
2. Assinale a alternativa correta sobre o sistema de drenagem pluvial:
   a. O sistema de drenagem pluvial consiste no conjunto de obras, equipamentos e serviços com o objetivo de levar água potável para uso no consumo doméstico, na indústria, no serviço público, entre outros.
   b. O sistema de drenagem pluvial consiste no conjunto de infraestruturas, equipamentos e serviços com o objetivo de coletar e tratar os esgotos domésticos.
   c. O sistema de drenagem pluvial consiste no conjunto de infraestruturas, equipamentos e serviços com o objetivo de coletar e dispor toda a água de chuva em um corpo receptor, em geral, um rio.
   d. O sistema de drenagem pluvial consiste no conjunto de obras, equipamentos e serviços com o objetivo de captar a água bruta de um manancial e tratá-la.
3. A população futura estimada no projeto de abastecimento de água de uma cidade é de 18 000 habitantes. O manancial (uma represa) encontra-se a 3 500 m de distância, com um desnível de 14 m, aproveitável para a adução por gravidade. Considerando o exposto, dimensione a adutora em conduto forçado, admitindo as seguintes hipóteses:
   » a existência de um reservatório de distribuição, capaz de atender às variações horárias de consumo;
   » o abastecimento direto, sem reservatório de distribuição.

   Considere estes dados: C = 90; k_1 = 1,25; k_2 = 1,5; consumo *per capita* efetivo (q) = 200 L/hab.dia.

4. Uma área de loteamento na periferia da cidade de Curitiba, com 200 ha, tem suas vertentes para um talvegue de 2,7 km de extensão e diferença de cotas entre o ponto mais alto e a seção de drenagem igual a 98 m. Assim, determine a vazão máxima na seção de drenagem para a recorrência de 25 anos. Considere o coeficiente de escoamento superficial igual a 0,30. Em seguida, assinale a alternativa correta:
   a. Q = 30 m³/s.
   b. Q = 19,2 m³/s.
   c. Q = 0,32 m³/s.
   d. Q = 98 m³/s.

5. Calcule a capacidade hidráulica das sarjetas de uma rua com declividade de 0,5%. Considere os seguintes dados: n = 0,016; A = 0,28 m²; R_H = 0,063 m. Depois, assinale a alternativa correta:
   a. Q = 0,4 m³/s.
   b. Q = 0,28 m³/s.
   c. Q = 0,16 m³/s.
   d. Q = 0,63 m³/s.

Questão para reflexão

1. Explique como a construção de um sistema de esgoto sanitário pode influenciar uma comunidade.

Capítulo 11

Planejamento de obras hidráulicas

Conteúdos do capítulo:
» Objetivos e tipos de obras hidráulicas.
» Obras hidráulicas de condução.
» Obras hidráulicas de reservação e controle.

Após o estudo deste capítulo, você será capaz de:
1. reconhecer os tipos possíveis de obras hidráulicas e seus objetivos;
2. compreender quais são os tipos de obras hidráulicas de condução e como funcionam;
3. explicar quais são os tipos de obras hidráulicas de reservação e controle e como funcionam.

11.1 Tipos de obras hidráulicas

A fim de obter um melhor aproveitamento dos recursos hídricos, faz-se necessário controlá-los, contê-los ou transportá-los. Para que isso seja feito, são implantadas obras hidráulicas, que podem ser de diversos tipos, com diferentes finalidades.

Podem ser construídas estruturas para armazenamento e contenção de água, como barragens e diques; para transporte e adução da água, como bueiros, canais e pontes; e para controle da água, como vertedores e dissipadores de energia.

Além desses tipos, também há estruturas para medição, captação, descarga, melhoramento da navegação, controle de sedimentos, lazer, irrigação, entre outras.

11.2 Obras hidráulicas de condução

Entre as obras hidráulicas com a finalidade de promover a condução da água, encontram-se, por exemplo, os canais, as pontes e os bueiros.

Como as principais características dos canais já foram abordadas em capítulos anteriores, nesta seção trataremos apenas de pontes e bueiros.

11.2.1 Pontes

Apesar de as pontes não serem estruturas de condução, têm a finalidade de transposição dos cursos d'água de porte mais significativo, sobre os quais bueiros ou outras estruturas não tão grandes não seriam capazes de operar. A seguir, na Figura 11.1, é possível observar uma ponte em construção.

Figura 11.1 – Ponte em construção

É bastante complexa a análise hidráulica relativa às pontes sob o ponto de vista da estabilidade do leito e do fundo, de correntes secundárias, entre outros aspectos. Porém, visando à prática, definiremos apenas a seção de vazão necessária à adequada transposição do rio, admitindo-se escoamento uniforme.

Quando são feitos estudos hidráulicos para pontes, profissionais de diversas áreas são envolvidos. Tais estudos, muitas vezes, norteiam toda a concepção e o lançamento estrutural da obra, intervindo, ainda, nos projetos geométricos e de terraplanagem.

Antes dos estudos hidráulicos, é necessário promover estudos hidrológicos para a definição da vazão que será considerada no projeto, além de levantamentos topográficos e batimétricos do local e da caracterização geotécnica do local da obra.

Nos estudos, o objetivo é determinar as cotas atingidas pelo nível da água do rio no local da travessia da ponte, admitindo-se que o escoamento é uniforme. Essas cotas são estipuladas aplicando-se a equação de Manning, para, com isso, definir a máxima cheia de projeto (MCP), sendo este o principal parâmetro que deve ser utilizado para conceber a obra.

Após a determinação do nível mínimo da ponte, faz-se o pré-lançamento da estrutura.

11.2.2 Bueiros

A principal função dos bueiros é promover a passagem de água dos talvegues sob as obras de terraplanagem. Por isso, sempre são construídos nos pontos mais baixos.

Bueiros são estruturas compostas de boca de entrada (a montante), corpo e boca de saída (a jusante). Em alguns casos, pode-se implantar um dissipador de energia a jusante.

Consideram-se alguns fatores para a classificação dos bueiros:

- » **Número de linhas:** estas podem ser simples, duplas ou triplas.
- » **Forma da seção:** as seções podem ser tubulares (circulares), celulares (retangulares ou quadrados) ou de formas diversas.
- » **Materiais com que são construídos:** nas bocas, geralmente é usado concreto simples ou armado e, nos corpos, concreto simples, armado ou protendido.

Essencialmente, o principal objetivo é determinar as dimensões do bueiro, de forma que este seja capaz de transportar a vazão admitida na obra.

O Departamento Nacional de Estradas de Rodagem (DNER) publicou o *Manual de drenagem de rodovias* (Brasil, 2006), no qual é proposta uma metodologia de cálculo baseada em ábacos e tabelas, admitindo-se escoamento uniforme.

11.3 Obras hidráulicas de reservação e controle

Na prática, por exemplo, um sistema de abastecimento de água ou de irrigação precisa ser abastecido por uma vazão mais ou menos constante. Porém, em um curso d'água, a vazão pode variar por diversos fatores ou, ainda, ele pode vir a apresentar vazões muito altas, de forma que nem o sistema de drenagem seja capaz de suportá-lo, causando inundações.

É para esses casos que surge a necessidade de construir estruturas hidráulicas de reservação, pois elas reservam a água temporariamente, a fim de que seja usada em um momento futuro ou para que se faça a descarga dessa água.

Planejamento de obras hidráulicas

As principais obras hidráulicas de reservação são as barragens. Os vertedores são dispositivos associados às barragens com a finalidade de controlar as vazões de saída – por exemplo, obras hidráulicas de controle. Muitas vezes, aos vertedores estão associados os dissipadores de energia, que têm o objetivo de compatibilizar as velocidades de escoamento.

11.3.1 Barragens

A principal função das barragens é fazer o represamento de um curso d'água para diversas finalidades, como aproveitamento energético, controle de inundações, captação de águas para abastecimento de água ou irrigação e regularização do nível do curso d'água para navegabilidade. Na maior parte das vezes, a barragem acaba tendo um uso múltiplo.

A Figura 11.2 mostra a barragem de Itaipu, em Foz do Iguaçu/PR, uma das maiores do Brasil.

Figura 11.2 – Barragem de Itaipu

By Drone Photos Videos/Shutterstock

Trata-se de uma complexa obra de engenharia, na qual trabalham profissionais das áreas de hidráulica, geotecnia, estrutura, elétrica e mecânica, além de contar com a atuação de profissionais do meio ambiente, em virtude da crescente preocupação com as questões ambientais.

A barragem nada mais é do que um corpo ou barramento inserido transversalmente no curso d'água, com o intuito de reter e armazenar água.

Quando o objetivo da barragem é promover a geração de energia elétrica, a água que fica armazenada é captada e conduzida até o sistema de geração de energia. Porém, quando o objetivo é fazer o controle de cheias, a captação não se faz necessária, sendo a única função o armazenamento temporário de água.

No caso de ocorrerem vazões afluentes à barragem superiores ao que o reservatório comporta, são instalados vertedores que têm a função de descarregar essa vazão de forma a não causar danos na estrutura.

Os principais fatores que influenciam na escolha da barragem são características geológicas e geotécnicas locais, topográficas e condições climáticas.

Os materiais predominantemente usados nas barragens são concreto, terra, enrocamento, alvenaria, gabiões, entre outros.

NÍVEIS E VOLUMES DE OPERAÇÃO DAS BARRAGENS

A Figura 11.3 mostra os principais níveis e volumes de operação característicos de uma barragem.

Figura 11.3 – Esquema representativo dos níveis e volumes de operação de uma barragem

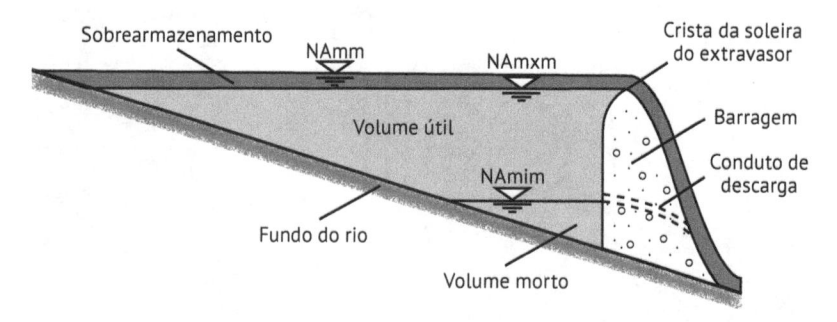

Fonte: Baptista; Coelho, 2010, p. 374.

Em que:
» NA_{min} – nível mínimo operacional;
» NA_{mxn} – nível máximo operacional;
» NA_{mm} – nível máximo *maximorum*, utilizado nas condições de cheia do projeto;

» Volume útil – volume de água ente o NA_{min} e o NA_{max};
» Volume morto – volume de água abaixo do NA_{min}.

Para esses volumes e níveis serem determinados, devem ser analisadas as características físicas do terreno de implantação da barragem, as características hidrológicas do curso d'água no qual a barragem será executada e os objetivos e usos previstos para essa barragem.

FORÇAS ATUANTES NAS BARRAGENS

Em uma barragem de qualquer natureza, diversas forças estão em atuação, sendo as principais:

- » Peso da barragem (W): corresponde à multiplicação do peso específico do material usado na construção da barragem pelo volume desta.
- » Pressão hidrostática (H): na montante e na jusante da barragem existem forças hidrostáticas agindo.
- » Subpressão (Pa): é gerada pela água sob pressão localizada abaixo da barragem; trata-se de uma pressão ascensional, influenciada pelo tipo de solo da fundação e pelo método por meio do qual a barragem foi construída. Normalmente, adota-se uma variação linear entre a pressão hidrostática (H) a montante e a jusante.
- » Forças devido às ondas (Fi): podem variar de acordo com a altura das ondas, e estas variam com o comprimento do reservatório orientado na direção do vento; assim, os fatores que determinam as *seiches* eólicas (inclinações das águas em função do vento) e as ondas superficiais são a direção e o sentido da ação dos ventos. Ambas são influenciadas pelo *fetch*, sendo este a extensão do lago sobre o qual o vento sopra. A sequência, portanto, é: determinar a altura da *seiche* com base nos valores característicos dos ventos; calcular a subida da onda a montante da barragem; e, por fim, calcular os esforços decorrentes desta.
- » Empuxo em virtude do assoreamento: muitos sedimentos são depositados a montante da barragem e exercem empuxo sobre ela. Quando as barragens são muito altas, esse efeito é desprezível, mas, quando são barragens de pequeno porte, é bastante importante determinar esse empuxo. Em geral, espera-se que o material assoreado ocupe 10% da altura da barragem.

Todas essas forças estão apresentadas na Figura 11.4.

Figura 11.4 – Forças atuantes em uma barragem

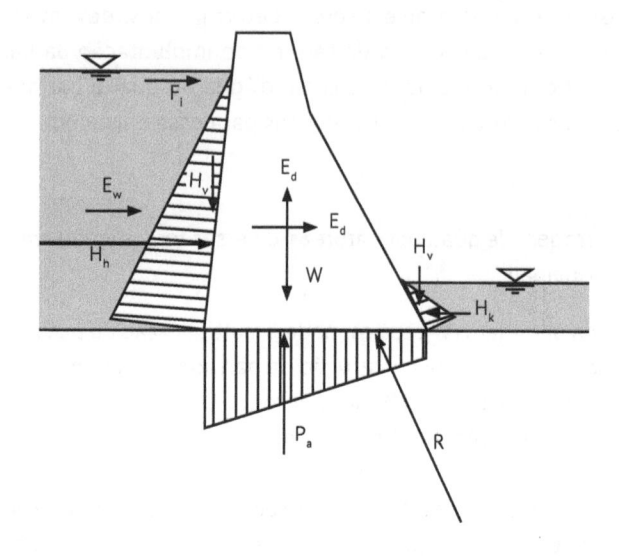

Fonte: Baptista; Coelho, 2010, p. 376.

BARRAGENS DE CONCRETO

Barragens de concreto podem ser construídas em concreto simples, convencional ou compactado ou, ainda, em concreto armado. É necessário que existam rochas ao longo de todo o eixo da barragem.

Em virtude da concentração de esforços em uma área reduzida, essa barragem exerce maior pressão nas fundações e nas paredes dos vales.

São classificadas em quatro tipos:

» **Barragem de gravidade**: é construída em concreto simples maciço, sendo o tipo mais comum.
» **Barragem de gravidade aliviada**: é similar às barragens de gravidade, porém procura-se otimizar a utilização do concreto.
» **Barragem em arco**: apresenta curvatura em planta e, assim, permite a transferência de parte da pressão d'água aos pegões do arco, reduzindo o volume de concreto utilizado.

» **Barragem de contrafortes**: são implantadas placas inclinadas em concreto, constituindo-se o paramento a montante da barragem; assim, a pressão hidrostática é transmitida a esses contrafortes perpendiculares ao eixo da barragem.

BARRAGENS DE TERRA E ENROCAMENTO

Barragens de terra e enrocamento apresentam custo relativamente baixo quando comparadas a outras, pelo fato de empregarem o material disponível na região, com pouco beneficiamento, e equipamentos simples. Por esses motivos, são bastante utilizadas no Brasil.

Podem ser divididas em:

» **Barragens de terra homogênea**: somente um tipo de material é usado.
» **Barragens de terra zonada**: empregam-se diferentes materiais no corpo do aterro.
» **Barragens de enrocamento com núcleo de material impermeável**: apenas o núcleo central da obra (o corpo vedante) é construído de um material diferente, o qual constitui a maior parte do corpo da obra.
» **Barragens diafragmas**: são compostas por solos ou enrocamento, exclusivos à estabilidade da obra, sendo executada na zona central uma cortina de vedação.

BARRAGENS MISTAS

Barragens mistas compõem-se de partes em concreto e de partes em terra ou enrocamento, sendo o vertedor construído em concreto, e a tomada d'água, em terra ou enrocamento.

11.3.2 Vertedores

Muitas vezes, é necessário que o excesso de água seja escoado para a jusante da barragem, e essa é a principal função dos vertedores, mostrados na Figura 11.5, que são estruturas hidráulicas capazes de realizar a descarga da água excedente dos reservatórios sem prejudicar a estrutura da barragem.

Figura 11.5 – Vertedores de uma barragem

Sky Light Pictures/Shutterstock

Em razão das diversas condições geotécnicas e topográficas, os tipos e a localização dos vertedores podem variar. Em geral, apresentam uma tomada d'água associada a uma soleira. Após a coleta da água, esta é dirigida para uma estrutura de descarga e a jusante é implantado um dissipador de energia.

TIPOS DE VERTEDORES

Os vertedores podem ser de vários tipos, em função de suas localizações, dos materiais que os compõem, da maneira como operam, entre outros fatores.

Com relação aos materiais que os compõem, normalmente é usado concreto, mas em alguns casos podem ser utilizados gabiões, alvenaria, aço e até madeira.

Quanto à localização dos vertedores, pode ser junto ao corpo da barragem ou totalmente independente dela. Nas barragens em concreto, o vertedor geralmente se localiza junto ao corpo da barragem. Porém, há a possibilidade de executá-lo de forma independente da barragem, por meio de um canal, de uma tubulação ou de um túnel.

No que se refere às condições de operação, os vertedores podem ser de serviço ou de emergência. Na grande maioria dos casos, constrói-se apenas um vertedor, para que este possa escoar toda a vazão necessária. Entretanto, existem casos em que é necessária a construção de mais de um vertedor, sendo um de serviço, utilizado para descarregar as vazões mais frequentes, e outro de emergência, usado para descarregar vazões apenas quando ocorrerem grandes cheias.

Além disso, com relação às condições de funcionamento, os vertedores podem ou não apresentar dispositivos de controle de vazão, como comportas, classificando-se em vertedores com ou sem controle, isto é, com ou sem comportas. Ainda, quanto às comportas, os vertedores podem ser de superfície (ou simples) ou de carga, de acordo com o tipo de escoamento ocorrido no início da estrutura.

Os vertedores constituídos de uma soleira elevada, com crista arredondada, e que estão localizados no nível normal da água são os vertedores simples ou de superfície. São mais indicados para cursos d'água de pequeno porte, por apresentarem capacidade de descarga de vazão reduzida.

Existem alguns tipos específicos de vertedores simples, como o vertedor tubular, também conhecido como *tulipa*. Ele tem uma tubulação vertical seguida de uma canalização tubular aproximadamente horizontal até o local da descarga de água. Esse vertedor apresenta um funcionamento bastante complexo. Na Figura 11.6, é possível observar um vertedor do tipo tulipa.

Figura 11.6 – Vertedor do tipo tulipa

Chris LaBasco/Shutterstock

Outra categoria de vertedor simples é a do tipo sifão, que trabalha com nível de água aproximadamente constante dentro das vazões de projeto.

Já os vertedores de carga, isto é, aqueles que apresentam comportas, são compostos de soleiras situadas abaixo do nível normal da água, podendo-se realizar o controle da vazão por meio das comportas.

11.3.3 Dissipadores de energia

Quando a água é descarregada pelo vertedor, a energia cinética desse escoamento pode ser muito elevada a ponto de causar estragos na própria estrutura da barragem e no corpo receptor da água. Por isso, é prevista a construção de dissipadores de energia, que terão a função de compatibilizar a velocidade do escoamento.

Para dimensionar essa estrutura, são usados dados de diversos experimentos já realizados que permitem a definição das dimensões em função dos parâmetros hidráulicos do local de construção.

A melhor forma de escolher o tipo de estrutura a ser construído é a partir de modelos físicos.

Os dissipadores de energia enquadram-se em diferentes classificações, como bacias de dissipação, dissipadores de jato, dissipadores de impacto e dissipadores contínuos.

BACIAS DE DISSIPAÇÃO

No caso das bacias de dissipação, a energia é dissipada por meio do ressalto hidráulico. A água que sai do vertedor em regime supercrítico passa a escoar em regime subcrítico, e a transição ocorrida entre esses dois regimes, na qual há uma redução da velocidade e, consequentemente, dissipação da energia cinética, acontece por meio do ressalto hidráulico na bacia de dissipação.

A principal dificuldade de dimensionamento dessa estrutura é determinar a localização onde ocorrerá o ressalto hidráulico; existe a possibilidade de este ocorrer em uma grande extensão, sendo necessário haver proteção contra erosão. Assim, este é o principal objetivo das bacias de dissipação: determinar a localização do ressalto hidráulico e sua extensão, de maneira a efetuar uma boa dissipação de energia.

No Brasil, a fim de dimensionar as bacias de dissipação, utilizam-se principalmente estudos do órgão americano U.S. Bureau of Reclamation

(Peterka, 1984), os quais propõem tipos (tipos I, II, III e IV) padronizados de bacias de dissipação.

DISSIPADORES DE JATO

Os dissipadores de jato são constituídos de uma concha cilíndrica localizada na extremidade a jusante da estrutura que conduz a água, de maneira a produzir um jato de água em direção ascendente. Esse jato, por meio da própria turbulência e atrito, faz com que ocorra a redução da velocidade do escoamento. Além disso, o posicionamento do ponto de queda final do jato deve ficar afastado da estrutura, para evitar o desgaste dela.

A eficiência na dissipação de energia dessa estrutura está intimamente relacionada à sua forma e ao seu posicionamento, fatores que podem provocar maior ou menor aeração e turbulência no jato.

DISSIPADORES DE IMPACTO

Os dissipadores de impacto dissipam a energia por meio do impacto do fluxo do escoamento que se encontra em alta velocidade em uma estrutura rígida.

Para o dimensionamento, usualmente se recorre a estudos experimentais, como o dissipador tipo Bradley-Peterka, desenvolvido pelo U.S. Bureau of Reclamation (Peterka, 1984).

Os dissipadores de impacto são submetidos a vibrações e esforços dinâmicos e devem ser capazes de suportar os esforços recorrentes do impacto do fluxo do escoamento sobre a parede defletora.

DISSIPADORES CONTÍNUOS

Como o próprio nome sugere, os dissipadores contínuos dissipam a energia de forma distribuída ao longo da estrutura de condução da água, diferentemente dos outros tipos, que dissipam essa energia de forma concentrada. As escadas e as calhas dissipadoras são as estruturas mais utilizadas como dissipadores contínuos.

As escadas ou descidas d'água em degraus dissipam a energia pelo impacto do jato d'água na própria estrutura, podendo ocorrer a formação do ressalto hidráulico em cada degrau. O ressalto poderá ou não ser formado de acordo com o espaçamento que será deixado entre cada desnível.

Seguem-se projetos padronizados para fazer o dimensionamento dessas escadas, que devem ser empregadas exclusivamente em locais em que ocorra o ressalto hidráulico em cada um dos degraus da escada.

Em contrapartida, as calhas dotadas de blocos dissipadores têm sido bastante utilizadas em substituição às tradicionais escadas.

Tais estruturas fazem com que ocorra uma redução na velocidade de aproximação do fluxo do escoamento e, assim, não há a necessidade de uma estrutura de dissipação de energia concentrada a jusante.

Síntese

Neste capítulo, apresentamos os principais tipos de obras hidráulicas que existem e seus objetivos. Tais obras foram classificadas em obras de condução, nas quais o principal objetivo é a condução da água para alguma finalidade específica, e obras de reservação e controle, que têm o objetivo não só de reservar a água temporariamente, a fim de que possa ser utilizada em um momento futuro para abastecer determinada cidade, por exemplo, como também controlar essa água, principalmente em momentos em que o curso d'água possa estar passando por uma cheia e seja necessário conter as vazões excessivas, evitando-se inundações.

Entre as obras hidráulicas de condução estão os canais, já apresentados em capítulos anteriores, os bueiros e as pontes, abordados neste capítulo.

Com relação às obras hidráulicas de reservação, tratamos das barragens, principais estruturas com essa finalidade. Identificamos os níveis e volumes de operação, as forças atuantes e os principais tipos de barragem de acordo com o material que os constituem.

Ainda, a respeito das obras hidráulicas de controle, abordamos os vertedores e os dissipadores de energia. Os vertedores são estruturas que servem para descarregar as vazões excessivas de um curso d'água, por exemplo, em um momento de cheia. Por sua vez, os dissipadores de energia são estruturas que, em sua maioria, estão associadas a jusante dos vertedores e têm a finalidade de dissipar a energia por meio da qual o escoamento é descarregado. Na maioria dos casos, o escoamento é descarregado com alta velocidade e, consequentemente, alta energia cinética, podendo ocasionar até mesmo um desgaste na própria estrutura. Nessa perspectiva, a fim de compatibilizar a velocidade desse escoamento, são construídos os dissipadores de energia, sendo os mais comuns as bacias de dissipação, os dissipadores de jato, os dissipadores de impacto e o dissipadores contínuos (escadas e calhas dissipadoras).

Para saber mais

BAPTISTA, M. B.; COELHO, M. M. L. P. **Fundamentos da engenharia hidráulica**. 3. ed. Belo Horizonte: Ed. da UFMG, 2010.

Esse livro aborda a engenharia hidráulica e está estruturado em 15 capítulos. Nos Capítulos 13 e 14, são abordadas detalhadamente as estruturas hidráulicas para condução, controle e reservação de água.

Questões para revisão

1. Quais são os principais objetivos e tipos de obras hidráulicas?
2. Explique quais são as funções das pontes e dos bueiros no transporte e adução de água.
3. Assinale a alternativa que melhor explica a necessidade das obras hidráulicas de reservação:
    a. As obras hidráulicas de reservação são importantes para a condução das águas para alguma finalidade específica.
    b. As obras hidráulicas de reservação são importantes para possibilitar ou favorecer a navegação.
    c. As obras hidráulicas de reservação são importantes para permitir a passagem das águas dos talvegues sob as obras de terraplanagem.
    d. As obras hidráulicas de reservação são importantes para armazenar a água a fim de que esta seja utilizada em momentos futuros, nos quais o curso d'água não esteja disponibilizando a vazão demandada e, assim, essa água reservada possa ser utilizada.

4. Assinale a alternativa que melhor explica a importância das obras hidráulicas de controle:
   a. As obras hidráulicas de controle servem para possibilitar ou favorecer a navegação.
   b. As obras hidráulicas de controle são necessárias quando o curso d'água apresenta vazões muito altas, as quais não são absorvidas pelo sistema de drenagem, podendo causar inundações. Assim, são construídas estruturas como vertedores, que têm a função de extravasar as vazões quando estas se encontram muito elevadas.
   c. As obras hidráulicas de controle são importantes para armazenar a água, a fim de que esta seja utilizada em momentos futuros, nos quais o curso d'água não esteja disponibilizando a vazão demandada e, assim, essa água reservada possa ser utilizada.
   d. As obras hidráulicas de controle são importantes para a condução das águas para alguma finalidade específica.
5. Assinale a alternativa correta sobre o dissipador de energia:
   a. A função do dissipador de energia é armazenar a água proveniente de vazões elevadas em cursos d'água.
   b. O dissipador de energia é importante para conduzir as águas pluviais para o curso d'água mais próximo.
   c. O dissipador de energia é usado a fim de compatibilizar a velocidade com que a água é descarregada por vertedores, por exemplo, com o objetivo de minimizar possíveis estragos.
   d. A principal característica do dissipador de energia é fazer a transposição de cursos d'água de porte significativo.

Questão para reflexão

1. Explique brevemente quais são as forças que atuam sobre uma barragem e qual é a importância de determiná-las.

Capítulo 12

Aspectos ambientais envolvidos nas obras hidráulicas

Conteúdos do capítulo:
» Impactos ambientais relacionados às obras hidráulicas.
» Histórico da questão ambiental voltada aos recursos hídricos.
» Licenciamento ambiental.

Após o estudo deste capítulo, você será capaz de:
1. reconhecer e compreender todos os impactos ambientais relacionados às obras hidráulicas;
2. explicar a evolução histórica da questão ambiental no Brasil voltada aos recursos hídricos;
3. entender o que é e como ocorre o processo de licenciamento ambiental.

12.1 Impactos ambientais relacionados às obras hidráulicas

Os principais aspectos ambientais envolvidos nas obras hidráulicas se referem aos impactos negativos decorrente do uso da própria água. São eles: a geração de efluentes domésticos, industriais e pluviais das cidades; as águas pluviais provenientes das áreas agrícolas, que, na maior parte das vezes, estão contaminadas por pesticidas; os efluentes gerados na criação dos animais (aves e suínos); os efluentes gerados nas atividades de mineração; e o impacto sobre o sistema hídrico por conta das obras hidráulicas.

Além de todo o impacto ambiental causado pelas obras hídricas, é importante ressaltar que o próprio desenvolvimento urbano acarreta impactos sobre o sistema hídrico, principalmente pelo fato de que o crescimento urbano ocorre de forma desordenada; ocupa-se irregularmente, em especial, a periferia das grandes cidades e não se obedece ao plano diretor, que rege as normas a respeito da ocupação do solo e dos loteamentos. Assim, começam a surgir diversos problemas, como a ocupação de áreas de mananciais de abastecimento humano, a exploração sem limites da disponibilidade hídrica da região, a produção de efluentes sanitários, industriais e pluviais que não são tratados e acabam inviabilizando o uso da água dos rios para captação posterior, entre outros fatores. Além disso, há maior impermeabilização do solo, e os rios acabam sendo canalizados. Assim, esse processo provoca um aumento da erosão do solo e da ocorrência de inundações.

Com relação aos impactos da produção hidrelétrica por meio das barragens, eles ocorrem principalmente em virtude da construção das obras hidráulicas e da formação da represa. Os impactos associados às barragens ocorrem tanto a montante quanto a jusante.

Os principais impactos que ocorrem a montante são:

» remoção das pessoas do local onde ocorrerá inundação, por conta do lago que será represado;
» assoreamento decorrente da redução da velocidade do escoamento, ao aumento da largura e à formação do lago;
» tendência à eutrofização, fenômeno em que um corpo d'água apresenta altos teores de nutrientes (fosfatos e nitratos), provocando aumento de matéria orgânica em decomposição, geração de gases e proliferação de algas que podem produzir toxinas; isso tudo ocorre

porque há uma redução na velocidade de escoamento e um aumento no tempo de residência e entrada de nutrientes no lago;
» comprometimento da fauna e da flora devido à variação no nível de água e na velocidade de escoamento;
» possibilidade de acúmulo de poluição no fundo do reservatório, que se mistura com a massa de água e gera uma alta demanda de oxigênio, impactando o meio aquático;
» por conta da sedimentação do lago, existe a possibilidade de ocorrerem inundações a montante da barragem.

Por sua vez, os principais impactos a jusante são:
» alterações na fauna e na flora e também no subsolo, além de problemas para a navegação e nas tomadas d'água, graças às variações que acontecem no nível de água durante a operação da barragem;
» aumento da erosão, pois a água após a barragem apresenta poucos sedimentos, menos turbidez, menos nutrientes e maior energia erosiva, reduzindo a produção primária e os recursos pesqueiros;
» qualidade da água, sendo que nas camadas inferiores ela será anaeróbica (sem oxigênio) e apresentará maior carga de poluição;
» riscos de rompimento da barragem.

Conhecendo-se todos esses impactos, é importante compreender como minimizá-los e quais são as legislações estabelecidas com essa finalidade.

12.2 Histórico da questão ambiental voltada aos recursos hídricos

Primeiramente, é necessário saber de que forma começou a preocupação com a questão ambiental. Em 1987, a Comissão Mundial sobre Meio Ambiente e Desenvolvimento (CMMAD), da Organização das Nações Unidas (ONU), apresentou um relatório em que trouxe a definição do que é o desenvolvimento sustentável. De acordo com o documento, "Desenvolvimento sustentável é o desenvolvimento que satisfaz as necessidades do presente sem comprometer a capacidade de as futuras gerações satisfazerem suas próprias necessidades" (CMMAD, 1991, p. 46).

Esse conceito surgiu com o intuito de se buscar um equilíbrio entre o desenvolvimento socioeconômico e a preservação do meio ambiente no qual determinada população vive. Na sequência, em 1992, na Conferência das Nações Unidas sobre Meio Ambiente e Desenvolvimento, realizada no Rio de Janeiro, esse conceito foi expandido, e a ideia principal era uma mudança de comportamento nos mecanismos de produção e também nos hábitos de consumo. Assim, o conceito de desenvolvimento sustentável passou a englobar as dimensões ambiental, ecológica, social, política, econômica, demográfica, cultural, institucional e espacial.

Nesse sentido, os recursos hídricos não ficaram de fora desse conceito. Eles passaram a ser avaliados também de forma a promover o desenvolvimento sustentável, por meio da gestão integrada dos recursos hídricos. Tal gestão integrada visa, portanto, promover o desenvolvimento do setor, maximizando o resultado econômico e social sem comprometer a sustentabilidade do ecossistema em questão.

Para que essa gestão integrada possa ser implantada, devem ser observados alguns elementos básicos, como: a legislação nacional do setor; a bacia hidrográfica como a unidade de planejamento; a gestão pelos comitês de bacia; a valoração da água; formas de conservação dos recursos hídricos amparadas pelas legislações e pela fiscalização; a participação da população por meio de organizações ou de indivíduos que atuem na bacia; e planos que visem a essa integração.

Na década de 1970, o Brasil passou a construir grandes hidrelétricas, especialmente no Rio Paraná. Com isso, o país começou a sofrer grande pressão em relação aos impactos ambientais causados por essas construções.

Nos anos 1980, foi a aprovada a Lei n. 6.938, de 31 de agosto de 1981, a Política Nacional do Meio Ambiente (PNMA) (Brasil, 1981). Nesse período, muitos investidores internacionais em hidrelétricas acabaram desistindo do negócio, principalmente pelo grande impacto ambiental causado por esses empreendimentos. No final da década, três grupos setoriais se organizaram a fim de instituir a Lei de Recursos Hídricos: os setores de energia, meio ambiente e agricultura.

Nos anos 1990, os investimentos internacionais no Brasil foram direcionados à recuperação ambiental, de efluentes domésticos e industriais das cidades, bem como à conservação dos grandes biomas. Nessa década, ainda, foi instituída a Secretaria de Recursos Hídricos, que finalmente apoiou e instituiu a Lei de Recursos Hídricos – Lei 9.433, de 8 de janeiro de 1997 (Brasil, 1997b).

A partir dos anos 2000, começou-se a procurar maior eficiência no uso dos recursos hídricos. Sob essa ótica, foram estipuladas as metas do milênio: redução da pobreza com vistas à disponibilidade de água e oferta de saneamento básico. No Brasil, foi criada a Agência Nacional de Águas (ANA), e a legislação de 1997 passou a ser regulamentada, iniciando-se a cobrança pelo uso da água e impondo-se penas aos poluidores.

Os princípios da Política Nacional de Recursos Hídricos (PNRH), dispostos em seu art. 1º, são os seguintes:

I– a água é um bem de domínio público;
II– a água é um recurso limitado, dotado de valor econômico;
III– em situações de escassez, o uso prioritário dos recursos hídricos é o consumo humano e a dessedentação de animais;
IV– a gestão dos recursos hídricos deve sempre proporcionar o uso múltiplo das águas;
V– a bacia hidrográfica é a unidade territorial para implementação da Política Nacional de Recursos Hídricos e atuação do Sistema Nacional de Gerenciamento de Recursos Hídricos;
VI– a gestão dos recursos hídricos deve ser descentralizada e contar com a participação do Poder Público, dos usuários e das comunidades. (Brasil, 1997b)

Com relação aos objetivos, são fundamentados no conceito de desenvolvimento sustentável, de acordo com o estipulado no art. 2º:

I– assegurar à atual e às futuras gerações a necessária disponibilidade de água, em padrões de qualidade adequados aos respectivos usos;
II– a utilização racional e integrada dos recursos hídricos, incluindo o transporte aquaviário, com vistas ao desenvolvimento sustentável;
III– a prevenção e a defesa contra eventos hidrológicos críticos de origem natural ou decorrentes do uso inadequado dos recursos naturais;
IV– incentivar e promover a captação, a preservação e o aproveitamento de águas pluviais. (Brasil, 1997b)

Para que sejam cumpridos esses objetivos, foram criados alguns instrumentos, como os planos de recursos hídricos, o enquadramento dos corpos hídricos em classes, a outorga do direito de uso dos recursos hídricos, a cobrança pelo uso dos recursos hídricos, a compensação aos municípios e o sistema de informações sobre tais recursos.

Os planos de recursos hídricos devem ser elaborados com vistas a compatibilizar a qualidade e a quantidade da água que será utilizada em determinada bacia hidrográfica. O objetivo do enquadramento dos corpos hídricos em classes é a definição dos usos das águas de acordo com a qualidade que elas apresentam. Por sua vez, a outorga do uso dos recursos hídricos visa manter um controle da qualidade e da quantidade de tais recursos. A questão da cobrança pelo uso dos recursos hídricos tem a função de incentivar o uso racional de forma a evitar o desperdício.

Quanto à questão ambiental, foram instituídas diversas leis que regem a proteção ao meio ambiente. Porém, o principal mecanismo que objetiva lidar com essa temática é o licenciamento ambiental, por meio do qual se busca conservar e preservar o meio ambiente.

12.3 Licenciamento ambiental

O licenciamento ambiental está previsto na PNMA e tem o objetivo de avaliar os impactos ambientais causados por determinada atividade, com vistas à proteção ao meio ambiente. Assim, o empreendedor que deseja implantar sua atividade em um local deve apresentar ao órgão ambiental competente uma análise de todos os possíveis impactos que pode causar, além das formas de como evitá-los ou minimizá-los, a fim de que esse órgão possa avaliar a viabilidade ambiental da obra. Trata-se de crime ambiental quando o empreendedor não possui a licença ambiental.

Contudo, nem todas as atividades são passíveis de licenciamento ambiental. A Resolução n. 237, de 19 de dezembro de 1997, do Conselho Nacional do Meio Ambiente (Conama), apresenta uma lista de atividades sujeitas ao licenciamento ambiental, entre as quais se encontram obras como: hidrovias; barragens e diques; canais para drenagem; retificação de curso de água; transposição de bacias hidrográficas; estações de tratamento de água; interceptores, emissários, estação elevatória e tratamento de esgoto sanitário (Brasil, 1997a).

O licenciamento ambiental deve ser requerido ao órgão ambiental competente. Na esfera federal, trata-se do Instituto Brasileiro do Meio Ambiente e dos Recursos Naturais Renováveis (Ibama); na esfera estadual, dos órgãos ambientais de cada estado; e, na esfera municipal, das secretarias municipais do meio ambiente (se existirem).

Depois de o empreendedor apresentar os documentos necessários e requerer a licença ambiental para o empreendimento em questão, cabe ao órgão ambiental responsável estabelecer regras, condições, restrições e medidas de controle ambiental a serem seguidas pelo empreendedor. Entre as principais características avaliadas pelo órgão ambiental estão: geração de efluentes, geração de resíduos sólidos, emissões atmosféricas e ruídos.

A licença ambiental é, portanto, um documento que permite a implementação de determinada atividade ou obra com prazo de validade definido.

O processo de licenciamento é composto de três etapas:

I. **Licença prévia (LP)**: trata-se da primeira etapa do licenciamento, na qual são avaliadas a localização e a concepção do empreendimento. Nessa fase, o órgão ambiental atesta ou não a viabilidade ambiental do empreendimento e estabelece os requisitos básicos necessários às próximas etapas. De forma resumida, esse órgão certifica se o local onde se deseja implantar determinada atividade está apto tecnicamente para recebê-la. Podem ser exigidos estudos ambientais complementares, como o Estudo de Impacto Ambiental/Relatório de Impacto ao Meio Ambiente (EIA/Rima) e o Relatório de Controle Ambiental (RCA), a fim de que os estudos ambientais na área em que se deseja implementar a atividade sejam aprofundados.

II. **Licença de instalação (LI)**: após a emissão da LP, tendo sido detalhadas todas as medidas de proteção ambiental, é necessário fazer o requerimento da LI. Com ela, é permitido que se dê início à construção do empreendimento e à instalação de equipamentos. O projeto deve ser executado conforme modelo apresentado anteriormente. Por isso, qualquer alteração deve ser notificada ao órgão ambiental.

III. **Licença de operação (LO)**: essa licença autoriza o funcionamento do empreendimento. Somente deve ser requerida após a completa instalação do empreendimento e depois da verificação do atendimento em relação a todas as medidas de controle ambiental impostas.

Podem existir situações em que a empresa já está em operação e não tem nem LP nem LI. Nesses casos, em geral, o órgão ambiental solicita apenas a LO, sendo necessária a apresentação de todos os estudos ambientais que seriam exigidos previamente.

No fluxograma apresentado na Figura 12.1, consta o passo a passo para a obtenção da licença ambiental.

Figura 12.1 – Fluxograma para a identificação da situação do empreendimento e passo a passo para a obtenção da licença ambiental

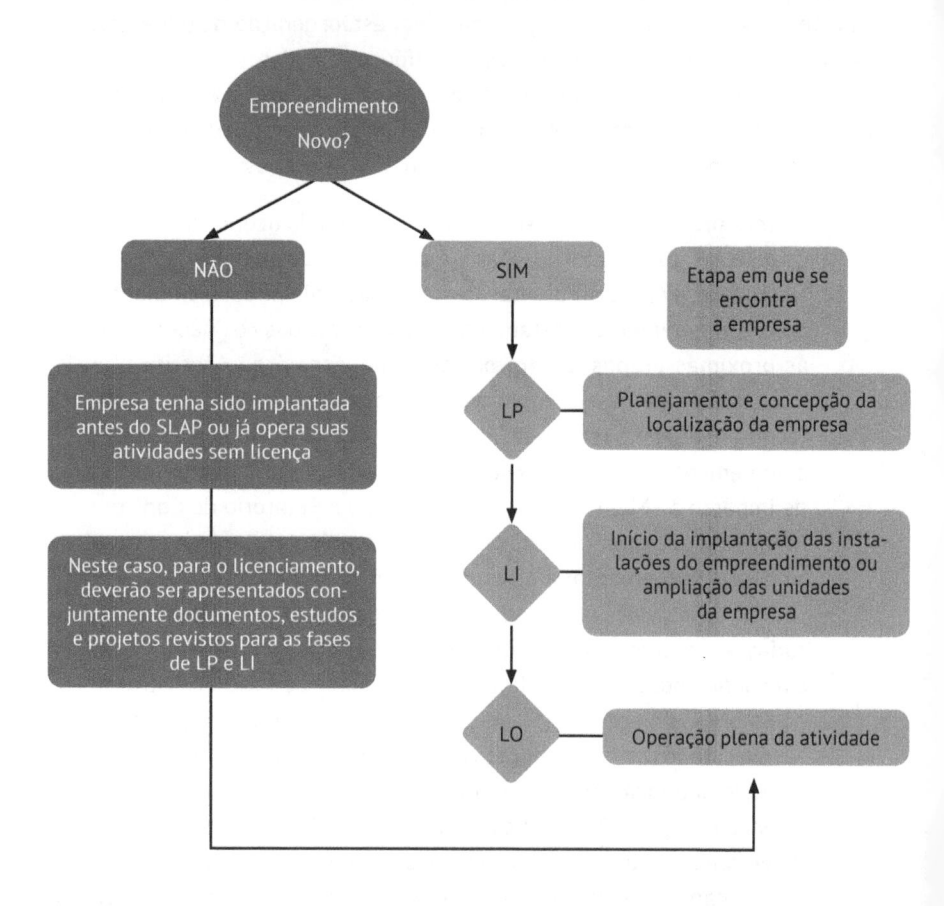

```
                    Empreendimento
                        Novo?
                    /            \
                  NÃO             SIM                    Etapa em que se
                                                         encontra
                                                         a empresa

    Empresa tenha sido implantada      LP  ——  Planejamento e concepção da
    antes do SLAP ou já opera suas             localização da empresa
    atividades sem licença

                                                Início da implantação das insta-
    Neste caso, para o licenciamento,   LI  ——  lações do empreendimento ou
    deverão ser apresentados con-               ampliação das unidades
    juntamente documentos, estudos              da empresa
    e projetos revistos para as fases
    de LP e LI

                                        LO  ——  Operação plena da atividade
```

Fonte: Firjan, 2004, p. 8.

De acordo com a figura, portanto, deve-se identificar se o empreendimento é novo ou não. Caso não seja novo e a empresa tenha sido implantada antes do Sistema de Licenciamento de Atividades Poluidoras (SLAP), que foi instituído em 1977, basta solicitar apenas a LO, apresentando todos os documentos, estudos e projetos previstos para a LP e a LI. Por sua vez, se for um empreendimento novo, o processo de licenciamento seguirá o curso normal, sendo inicialmente solicitada a LP a fim de que se obtenha permissão para planejar e conceber a localização do empreendimento; em seguida, deve-se proceder ao requerimento da LI, para que seja possível dar início à implantação do empreendimento; e, por fim, deve-se solicitar a LO, com o intuito de que a atividade possa iniciar sua operação.

Para cada uma dessas licenças, deve-se seguir o passo a passo do fluxograma presente na Figura 12.2.

Figura 12.2 – Passos necessários para o requerimento de cada uma das licenças

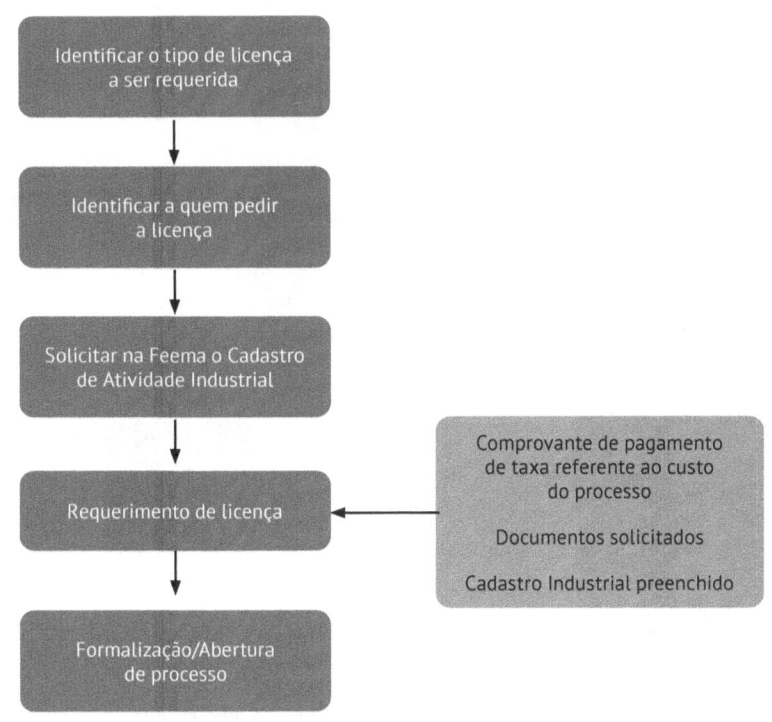

```
┌─────────────────────────────────┐
│ Identificar o tipo de licença   │
│        a ser requerida          │
└─────────────────────────────────┘
              │
              ▼
┌─────────────────────────────────┐
│   Identificar a quem pedir      │
│          a licença              │
└─────────────────────────────────┘
              │
              ▼
┌─────────────────────────────────┐
│  Solicitar na Feema o Cadastro  │
│     de Atividade Industrial     │
└─────────────────────────────────┘
              │
              ▼
┌─────────────────────────────────┐        ┌──────────────────────────────────┐
│    Requerimento de licença      │◄───────│ Comprovante de pagamento         │
└─────────────────────────────────┘        │ de taxa referente ao custo       │
              │                            │         do processo              │
              ▼                            │                                  │
┌─────────────────────────────────┐        │    Documentos solicitados        │
│     Formalização/Abertura       │        │                                  │
│          de processo            │        │ Cadastro Industrial preenchido   │
└─────────────────────────────────┘        └──────────────────────────────────┘
```

Fonte: Firjan, 2004, p. 10.

De acordo com o fluxograma, deve-se identificar inicialmente qual tipo de licença tem de ser requerida e a quem solicitá-la. Na sequência, é necessário solicitar ao órgão ambiental responsável o Cadastro de Atividade Industrial, documento que descreve a atividade da empresa, apresentando seu endereço, o produto fabricado, as fontes de abastecimento de água, os efluentes gerados, o destino dos resíduos e os produtos estocados. Depois de preencher esse cadastro, faz-se o requerimento da licença, após o pagamento da taxa referente ao processo e a apresentação de todos os documentos solicitados. Assim, é formalizada a abertura do processo.

Para cada licença ambiental requerida, deve-se seguir o procedimento detalhado na Figura 12.3.

Figura 12.3 – Fluxograma do processo de licenciamento ambiental

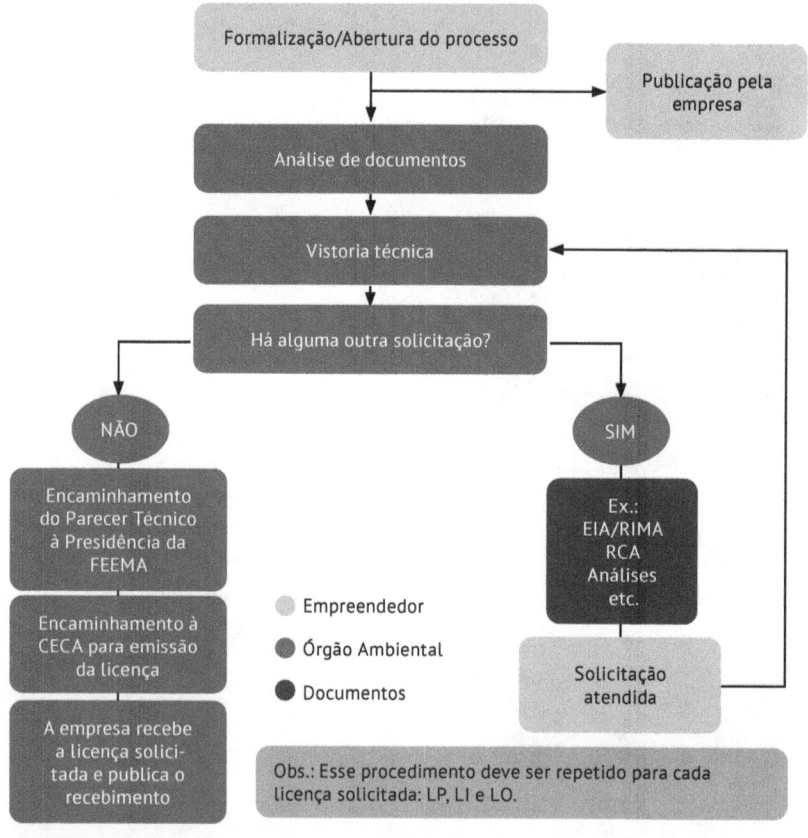

```
Formalização/Abertura do processo
    │
    ├──────────────────────► Publicação pela empresa
    ▼
Análise de documentos
    ▼
Vistoria técnica ◄─────────────────────────┐
    ▼                                      │
Há alguma outra solicitação?               │
    │                                      │
    ├── NÃO                  SIM ──────┐   │
    ▼                                  ▼   │
Encaminhamento               Ex.:              
do Parecer Técnico           EIA/RIMA          
à Presidência da             RCA               
FEEMA                        Análises          
    ▼                        etc.              
Encaminhamento à               │               
CECA para emissão              ▼               
da licença                  Solicitação ──────┘
    ▼                       atendida
A empresa recebe
a licença solici-
tada e publica o
recebimento
```

● Empreendedor
● Órgão Ambiental
● Documentos

Obs.: Esse procedimento deve ser repetido para cada licença solicitada: LP, LI e LO.

Fonte: Firjan, 2004, p. 12.

Conforme a imagem, portanto, depois da formalização da abertura do processo, o órgão ambiental analisa os documentos apresentados pelo empreendedor e faz uma vistoria técnica no local do empreendimento. Nesse momento, pode surgir a necessidade de o órgão fazer alguma solicitação adicional ou não. Caso não haja nenhuma solicitação, o órgão ambiental encaminha o parecer técnico à presidência e, posteriormente, direciona-o à comissão estadual de controle ambiental, para que, assim, seja feita a emissão da licença. Após esse processo, então, a empresa recebe a licença solicitada e publica seu recebimento. Por sua vez, se forem solicitados documentos ou estudos adicionais, como o EIA/Rima, o RCA ou qualquer outra análise que possa ser exigida, o órgão ambiental realiza nova vistoria técnica, a fim de comprovar a veracidade da informação e, em caso afirmativo, o processo segue o fluxo apresentado para a emissão da licença.

Síntese

Neste capítulo, abordamos os impactos ambientais causados pelo uso dos recursos hídricos, pela ocupação desordenada das cidades e elas barragens. Apresentamos os impactos ambientais que podem ser causados a montante e a jusante das barragens.

Dando sequência ao capítulo, introduzimos a temática referente ao desenvolvimento sustentável no contexto dos recursos hídricos. Mencionamos, sob essa ótica, a Política Nacional do Meio Ambiente (PNMA) e a Política Nacional de Recursos Hídricos (PNRH), que procuram minimizar impactos ambientais com base em uma série de fundamentos, princípios e instrumentos.

Discutimos, ainda, o processo de licenciamento ambiental – necessário a diversas obras que envolvem os recursos hídricos –, cujo objetivo é avaliar os impactos ambiental de forma a minimizá-los, contribuindo para a preservação do meio ambiente.

Para saber mais

FIRJAN – Federação das Indústrias do Estado do Rio de Janeiro. **Manual de licenciamento ambiental**: guia de procedimentos passo a passo. Rio de Janeiro: GMA, 2004.

Esse material apresenta um passo a passo sobre o licenciamento ambiental no Brasil, abordando o conceito de licenciamento, as atividades sujeitas a ele, as etapas desse processo, os prazos estipulados e as licenças necessárias, além de algumas normas vigentes relacionadas à temática.

Questões para revisão

1. Quais são os principais impactos ambientais decorrentes do uso dos recursos hídricos?
2. Assinale a alternativa que explica de que maneira a ocupação desordenada das cidades impacta os recursos hídricos:
   a. A ocupação desordenada das cidades permeabiliza o solo, alterando o ciclo hidrológico.
   b. A geração de efluentes domésticos, industriais e pluviais despejados nos rios sem tratamento é um dos principais impactos da ocupação desordenada das cidades.
   c. A exploração ao limite da disponibilidade hídrica advinda da ocupação desordenada das cidades não afeta os recursos hídricos.
   d. A ocupação desordenada das cidades não acarreta maior poluição às áreas de mananciais.
3. Cite alguns impactos ambientais causados a montante e a jusante das barragens.
4. Assinale a alternativa em que não está citado um dos princípios da Política Nacional de Recursos Hídricos (PNRH):
   a. A água é um bem de domínio público.
   b. Em situações de escassez, devem-se priorizar o consumo humano e a dessedentação de animais.
   c. A água não é dotada de valor econômico.
   d. A gestão da água deve ser feita de maneira descentralizada.

5. Assinale a alternativa correta sobre o enquadramento dos corpos hídricos em classes:
   a. O enquadramento dos corpos hídricos serve somente para definir a qualidade da água destes.
   b. O enquadramento dos corpos hídricos tem o objetivo de cobrar valores diferentes pelo consumo da água de acordo com qualidade da água desses corpos hídricos.
   c. O enquadramento dos corpos hídricos é importante para classificá-los de acordo com sua periculosidade.
   d. O enquadramento dos corpos hídricos tem a finalidade de definir os usos que podem ser feitos com a água destes, de acordo com a qualidade dessas águas.

Questão para reflexão

1. Reflita sobre quais ações poderiam ser implementadas para minimizar o impacto ambiental causado pelas barragens.

Considerações finais

Como afirmamos na "Apresentação" deste livro, a hidráulica está intimamente relacionada a várias áreas de atuação de um engenheiro, sendo, assim, de extrema importância compreender seus conceitos e princípios básicos, bem como suas aplicações.

Esta obra, portanto, teve como um de seus objetivos abordar esses conceitos e princípios fundamentais, que foram essenciais ao aprofundamento das aplicações práticas, como o dimensionamento de condutos forçados, de bombas e estações elevatórias, de condutos livres e de projetos de sistemas de abastecimento de água, de esgotamento sanitário, de drenagem urbana e de obras hidráulicas.

No Capítulo 1, introduzimos o conceito de hidráulica e sua subdivisão e definimos o que é um fluido e suas principais propriedades, como massa específica, densidade relativa, peso específico, viscosidade, coesão, adesão e tensão superficial.

No Capítulo 2, aprofundamos o estudo dos fluidos em repouso (hidrostática), com a apresentação de alguns princípios e teoremas bastante utilizados em nosso cotidiano: o princípio de Pascal, usado, por exemplo, em macacos hidráulicos, prensas hidráulicas e elevadores hidráulicos; o teorema de Stevin, utilizado por pedreiros para nivelar janelas ou para quaisquer outros fins, pelo princípio dos vasos comunicantes, por exemplo; e o teorema de Arquimedes, empregado em projetos de navegação, entre outros.

Em seguida, no Capítulo 3, iniciamos o estudo dos fluidos em movimento (hidrocinemática), examinando o conceito de vazão e o movimento dos fluidos. Além disso, abordamos algumas equações e teoremas de suma importância, como a equação da continuidade e o teorema de Bernoulli.

Na sequência, no Capítulo 4, explicamos os conceitos de perda de carga, entre os quais estão compreendidas as perdas de carga contínua e localizada. Por fim, analisamos o que são e para que servem a análise dimensional e a semelhança mecânica.

No Capítulo 5, apresentamos equações importantes para a determinação das perdas de carga em tubulações, como a fórmula universal e a fórmula de Hazen-Williams, destacando as vantagens e as limitações de cada uma dessas equações.

No Capítulo 6, com relação ao escoamento em tubulações, discutimos o que são as linhas de carga e piezométrica. Ainda, demonstramos diversas posições possíveis em que as canalizações podem estar em relação a essas linhas e explicamos como se dá o funcionamento do escoamento de acordo com essas posições. Todos os materiais que podem ser empregados nas tubulações sob pressão, bem como os diâmetros e as classes comerciais possíveis, foram apresentados.

Depois do estudo do escoamento em tubulações, comentamos, no Capítulo 7, os principais tipos de bombas utilizados para sistemas em que a água esteja presente, sendo que as bombas centrífugas são as mais comumente usadas. Além disso, explicamos conceitos como altura manométrica, NPSH e potência necessária ao funcionamento das bombas. Vimos o que ocorre quando as bombas são associadas em série ou em paralelo e como projetar uma canalização de recalque.

No Capítulo 8, examinamos todos os aspectos relacionados a escoamentos em condutos livres ou canais. Abordamos os conceitos, dimensionamentos, entre outros aspectos, relacionados ao escoamento permanente uniforme e ao escoamento permanente variado.

Uma prática bastante importante na hidráulica é a medição das características físicas da água em cursos d'água, como medição de nível, pressão, seção de escoamento, tempo, volume, velocidade e vazão. A essa prática dá-se o nome de *hidrometria*, e todas as técnicas e instrumentos necessários a essas medições foram demonstrados no Capítulo 9.

Na sequência, no Capítulo 10, identificamos as principais aplicações da hidráulica, destacando os principais conceitos relacionados aos sistemas de abastecimento de água, de esgotamento sanitário e de drenagem urbana, além de explicarmos como projetá-los e como dimensioná-los.

As obras hidráulicas, como bueiros, pontes, barragens, vertedores e dissipadores de energia, foram apresentadas no Capítulo 11. Analisamos quais são as principais funções dessas obras, como projetá-las e como dimensioná-las.

Por fim, no Capítulo 12, aprofundamos questões ambientais relacionadas às obras hidráulicas e aos recursos hídricos. Impactos ambientais associados a tais questões foram apontados, e um histórico da evolução da questão ambiental no Brasil vinculada aos recursos hídricos foi apresentado. O processo de licenciamento ambiental necessário a diversas obras que envolvem os recursos hídricos também foi detalhado.

Em todos os capítulos deste livro, procuramos fornecer exemplos dos conceitos abordados, de forma a mostrar sua aplicação. Ainda, nas seções "Para saber mais", indicamos algumas sugestões para o aprofundamento do que foi discutido nos capítulos, a exemplo de livros que são referência nas temáticas abordadas e de vídeos sobre experimentos que ilustram os conteúdos examinados.

É importante ressaltar que, além do entendimento da parte teórica da hidráulica, é imprescindível compreender os conceitos na prática. Com esse intuito, procuramos propor, na seção "Questões para revisão", atividades que, por meio de perguntas e exercícios, possibilitassem a recapitulação e a aplicação do que foi explicado. Da mesma forma, na seção "Questões para reflexão", o propósito foi fazer o leitor refletir acerca de um assunto relacionado ao que foi demonstrado no capítulo em questão, de modo a aprofundar ainda mais os conhecimentos adquiridos.

Portanto, trata-se de uma obra que buscou apresentar, de forma clara e objetiva, os conceitos e princípios da hidráulica, além de aplicações em sistemas em que a água está presente.

Referências

ABNT – Associação Brasileira de Normas Técnicas. **NBR 9649**: Projeto de redes coletoras de esgoto sanitário. Rio de Janeiro, 1986.

ABNT – Associação Brasileira de Normas Técnicas. **NBR 12207**: Projeto de interceptores de esgoto sanitário. Rio de Janeiro, 2016.

ABNT – Associação Brasileira de Normas Técnicas. **NBR 12208**: Projetos de estações elevatórias de esgoto sanitário – procedimento. Rio de Janeiro, 2020.

AZEVEDO NETTO, J. M. et al. **Manual de hidráulica**. 8. ed. São Paulo: Blücher, 1998.

AZEVEDO NETTO, J. M.; FERNÁNDEZ, M. F. y. **Manual de hidráulica**. 9. ed. São Paulo: Blücher, 2015.

BAPTISTA, M. B.; COELHO, M. M. L. P. **Fundamentos da engenharia hidráulica**. 3. ed. Belo Horizonte: Ed. da UFMG, 2010.

BRASIL. Conselho Nacional do Meio Ambiente. Resolução n. 237, de 19 de dezembro de 1997. **Diário Oficial da União**, Brasília, DF, 19 dez. 1997a. Disponível em: <https://www.icmbio.gov.br/cecav/images/download/CONAMA%20237_191297.pdf>. Acesso em: 7 jan. 2021.

BRASIL. Departamento Nacional de Infraestrutura de Transportes. Diretoria de Planejamento e Pesquisa. Coordenação Geral de Estudos e Pesquisa. Instituto de Pesquisas Rodoviárias. **Manual de drenagem de rodovias**. 2. ed. Rio de Janeiro: 2006.

BRASIL. Lei n. 6.938, de 31 de agosto de 1981. **Diário Oficial da União**, Poder Executivo, Brasília, DF, 2 set. 1981. Disponível em: <http://www.planalto.gov.br/ccivil_03/leis/l6938.htm>. Acesso em: 7 jan. 2021.

BRASIL. Lei n. 9.433, de 8 de janeiro de 1997. **Diário Oficial da União**, Poder Legislativo, Brasília, DF, 9 jan. 1997b. Disponível em: <http://www.planalto.gov.br/ccivil_03/leis/l9433.htm>. Acesso em: 7 jan. 2021.

ÇENGEL, Y. A.; CIMBALA, J. M. **Fluid Mechanics**: Fundamentals and Applications. New York: Mc-Graw Hill, 2006.

CMMAD – Comissão Mundial sobre Meio Ambiente e Desenvolvimento. **Nosso futuro comum**. Rio de Janeiro: FGV, 1991.

FIRJAN – Federação das Indústrias do Estado do Rio de Janeiro. **Manual de licenciamento ambiental**: guia de procedimentos passo a passo. Rio de Janeiro: GMA, 2004.

GOMES, H. P. **Sistemas de abastecimento de água**: dimensionamento econômico e operação de redes e elevatórias. João Pessoa: Ed. da UFPB, 2009.

JUSTINO, E. **Estática dos fluidos**: 2ª parte – mecânica dos fluidos. Notas de aula.

KSB BOMBAS HIDRÁULICAS S.A. **Manual de curvas características**. 2005. Disponível em: <http://www.ufrrj.br/institutos/it/deng/daniel/Downloads/Material/Graduacao/IT%20503/MC_A2740_42_44_4P_E_S_5%5B1%5D.pdf>. Acesso em: 11 mar. 2021.

PETERKA, A. J. **Hydraulic Design of Stilling Basins and Energy Dissipators**. Denver: United States Department of the Interior; Bureau of Reclamation, 1984. (Engineering Monograph n. 95). Disponível em: <https://www.usbr.gov/tsc/techreferences/hydraulics_lab/pubs/EM/EM25.pdf>. Acesso em: 11 mar. 2021.

SABESP – Companhia de Saneamento Básico do Estado de São Paulo. **NTS 025**: Projeto de redes coletoras de esgoto. São Paulo, 2020.

WHITE, F. **Fluid Mechanics**. Nova York: McGraw-Hill, 2002.

Respostas

Capítulo 1

Questões para revisão

1. Um fluido é uma substância que apresenta a capacidade de se deformar continuamente quando submetida à ação de uma força tangencial a ela. Essa é a principal característica que diferencia os fluidos dos sólidos, os quais até se deformam quando submetidos a uma força tangencial a eles, porém não continuamente.

2. A massa específica de um fluido expressa a quantidade de massa de um fluido por unidade de volume. Já o peso específico corresponde ao peso desse fluido por unidade de volume. A principal característica que diferencia essas duas propriedades é que, no peso específico, é necessário considerar a aceleração da gravidade (g), pois o peso é dado pela multiplicação da massa de um fluido pela aceleração da gravidade. Assim, conclui-se que, para a determinação do peso específico, basta multiplicar a massa específica de determinado fluido pela aceleração da gravidade.

3. c

   Sabe-se que a massa de óleo é m = 825 kg e que o volume do reservatório é V = 0,917 m³.

   Para determinar a massa específica (ρ), utiliza-se a seguinte equação:

   $$\rho = \frac{m}{V}$$

   Como foram dados a massa (m) e o volume (V) do reservatório, basta inseri-los na equação:

   $$\rho = \frac{825 \text{ kg}}{0,917 \text{ m}^3} = 899,67 \text{ kg/m}^3$$

   Para determinar o peso específico (Υ), utiliza-se uma das equações a seguir:

   $$\gamma = \frac{P}{V} = \frac{m \cdot g}{V} = \rho \cdot g$$

   Sabe-se que a aceleração da gravidade (g) é 9,81 m/s², então:

$$\gamma = \frac{825 \text{ kg} \cdot 9{,}81 \text{ m/s}^2}{0{,}917 \text{ m}^3} = 8\,825{,}79 \text{ N/m}^3$$

Ou:

$$\gamma = 899{,}67 \frac{\text{kg}}{\text{m}^3} \cdot 9{,}81 \frac{\text{m}}{\text{s}^2} = 8\,825{,}79 \text{ N/m}^3$$

Por fim, para a determinação da densidade relativa, deve-se utilizar a massa específica da água de 1 000 kg/m³ como substância de referência e aplicar esse valor na seguinte equação:

$$d = \frac{\rho_{\text{óleo}}}{\rho_{H_2O}} = \frac{899{,}67 \text{ kg/m}^3}{1\,000 \text{ kg/m}^3} = 0{,}9$$

Portanto, ρ = 899,67 kg/m³, Υ = 8 825, 79 N/m³ e d = 0,9.

4. d

Sabe-se que a densidade relativa (d) do ferro é d = 7,8. Para determinar sua massa específica (ρ) a partir dessa informação, deve-se utilizar a seguinte equação:

$$d = \frac{\rho_{\text{ferro}}}{\rho_{H_2O}}$$

Como a massa específica (ρ) da água é 1 000 kg/m³, basta fazer a seguinte relação:

$$7{,}8 = \frac{\rho_{\text{ferro}}}{1\,000 \text{ kg/m}^3}$$

$$\rho_{\text{ferro}} = 7{,}8 \cdot 1\,000 \text{ kg/m}^3$$

$$\rho_{\text{ferro}} = 7\,800 \text{ kg/m}^3$$

Para determinar o peso específico (Υ) do ferro, basta aplicar a seguinte equação:

$$\gamma_{\text{ferro}} = \rho_{\text{ferro}} \cdot g = 7\,800 \frac{\text{kg}}{\text{m}^3} \cdot 9{,}81 \frac{\text{m}}{\text{s}^2} = 76\,518 \text{ N/m}^3$$

Portanto, ρ = 7 800 kg/m³ e Υ = 76 518 N/m³.

5. c

Sabendo que a sala apresenta dimensões 4 m (comprimento) × 5 m (largura) × 3 m (altura), pode-se determinar seu volume da seguinte forma:

$$V = 4m \cdot 5m \cdot 3m = 60\,m^3$$

Além disso, foi dado que a massa (m) de ar dentro da sala é m = 72 kg. A fim de determinar a massa específica (ρ) do ar, basta aplicar a seguinte equação:

$$\rho_{ar} = \frac{m}{V} = \frac{72\,kg}{60\,m^3} = 1,2\,kg/m^3$$

Para determinar o peso específico (ϒ) do ar, utilizando-se a aceleração da gravidade (g) de 9,81 m/s², deve-se usar esta equação:

$$\gamma_{ar} = \rho_{ar} \cdot g = 1,2\,\frac{kg}{m^3} \cdot 9,81\,\frac{m}{s^2} = 11,72\,N/m^3$$

Portanto, ρ = 1,2 kg/m³ e ϒ = 11,72 N/m³.

Questões para reflexão

1. A resposta deve mencionar a propriedade da viscosidade dos fluidos, a qual pode ser considerada como a resistência do fluido ao movimento. Assim, o mel demora mais tempo para sair do recipiente porque ele resiste mais ao movimento, sendo, portanto, mais viscoso do que a água.
2. A resposta deve mencionar a propriedade da tensão superficial, pois ela é responsável pela coesão das moléculas de água, que formam uma espécie de película plástica na superfície do líquido. Com isso, o inseto pode caminhar sobre a água sem afundar, porque seu peso não é grande o suficiente para romper a tensão superficial e, consequentemente, as forças de coesão que unem as moléculas de água.

Capítulo 2

Questões para revisão

1. A pressão no fundo do tanque será dada pela pressão atmosférica – pois o tanque está aberto para a atmosfera – acrescida das pressões de cada um dos fluidos dentro do tanque:

$$p_{fundo} = p_{atm} + p_{óleo} + p_{H_2O} + p_X + p_{mercúrio}$$

Sabe-se que a pressão atmosférica é de 101,33 kPa. Deve-se, portanto, determinar a pressão de cada fluido. Para isso, pode-se aplicar o teorema de Stevin, como mostrado na equação a seguir:

$$p_{fundo} = p_{atm} + \left(\gamma_{óleo} \cdot h_{óleo}\right) + \left(\gamma_{H_2O} \cdot h_{H_2O}\right) + \left(\gamma_X \cdot h_X\right) + \left(\gamma_{merc} \cdot h_{merc}\right)$$

A pressão de cada fluido será determinada, de acordo com o teorema de Stevin, pela multiplicação do peso específico do fluido pela altura da coluna desse fluido.

Sabe-se, também, que a pressão no fundo do tanque é de 242 kPa. Então:

$$242\,000 = 101\,330 + \left(8\,720 \cdot 1\right) + \left(9\,810 \cdot 2\right) + \left(\gamma_X \cdot 3\right) + \left(133\,100 \cdot 0,5\right)$$

$$\gamma_X = 15\,283,33\,N/m^3$$

O peso específico do fluido X é 15 283,33 N/m³.

2. Sabendo-se que o sistema está em equilíbrio e que, de acordo com o princípio de Pascal, qualquer variação de pressão em um ponto no interior do sistema será transmitida integralmente a todos os pontos desse sistema, deve-se usar a expressão:

$$p_A = p_B$$

$$\frac{F_A}{A_A} = \frac{F_B}{A_B}$$

A força exercida nos êmbolos A e B se refere ao peso dos corpos colocados sobre esses êmbolos. Sabendo-se que:

$$P = m \cdot g$$

Então:

$$\frac{m_A \cdot g}{A_A} = \frac{m_B \cdot g}{A_B}$$

Como a gravidade (g) está presente nos dois termos da expressão, ela pode ser excluída. Os valores são, então, substituídos, para que seja encontrado o valor de m_B.

$$\frac{100}{80} = \frac{m_B}{20}$$

$$m_B = 25 \, kg$$

Portanto, para que o sistema se mantenha em equilíbrio estático, a massa do corpo B (m_B) é de 25 kg.

3. b

Para encontrar a diferença de pressão entre os pontos A e B, pode-se utilizar o chamado *método do caminho*, no qual se inicia o caminho sempre pelo braço esquerdo do sistema de manômetros e se continua na rota dos fluidos no sistema até chegar ao último componente do braço direito. Ao se chegar ao último componente do braço direito do sistema de manômetros, deve-se igualar a equação encontrada pelo método do caminho à pressão exercida por esse último componente. Quando o caminho do fluido vai para baixo, coloca-se o sinal positivo (+) na equação e, quando vai para cima, o sinal negativo (–). Ainda, quando há pontos com a mesma pressão, de acordo com o teorema de Stevin, sendo que os dois pontos estão no mesmo fluido e no mesmo nível, é possível pular de um braço do manômetro para o outro.

A equação foi formulada de acordo com o método do caminho conforme a figura a seguir:

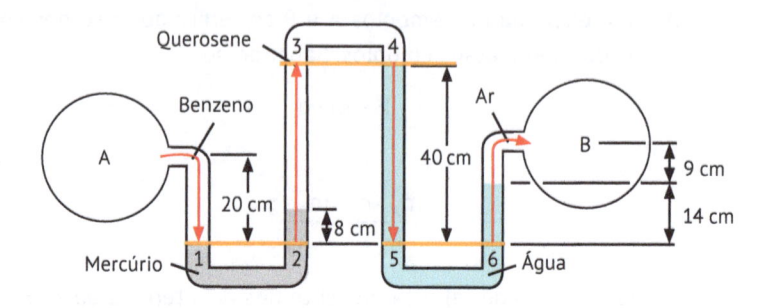

No sistema do exercício, então, inicia-se pelo braço esquerdo – no caso, o balão de pressão no ponto A (p_A) – e, ao fim, a equação encontrada pelo método do caminho deve ser igualada ao último componente do braço direito – no caso, o balão de pressão B (p_B):

$$p_A + (\gamma_{benz} \cdot h_{benz}) - (\gamma_{merc} \cdot h_{merc}) - (\gamma_{queros} \cdot h_{queros}) +$$
$$+ (\gamma_{água} \cdot h_{água}) - (\gamma_{água} \cdot h_{água}) - (\gamma_{ar} \cdot h_{ar}) = p_B$$

Os pontos 1 e 2, 3 e 4, 5 e 6 apresentam mesma pressão, pois estão no mesmo nível e pertencem ao mesmo fluido. Com isso, foi possível pular de um braço do manômetro para o outro e continuar a sequência do caminho.

Fazendo-se todas as substituições necessárias, obtém-se:

$$p_A + (8\,640 \cdot 0,2) - (133\,100 \cdot 0,08) - (7\,885 \cdot 0,32) +$$
$$+ (9\,810 \cdot 0,4) - (9\,810 \cdot 0,14) - (12 \cdot 0,09) = p_B$$
$$p_A - p_B = 8\,893,68\,Pa$$

Assim, de acordo com o teorema de Stevin e com o método do caminho, a diferença de pressão entre os pontos A e B é de 8.893,68 Pa.

4. d

A partir do momento em que o cubo C é mergulhado na água, esta começa a fazer uma força contrária ao peso do cubo, denominada *empuxo*, de acordo com o princípio de Arquimedes. Assim, a leitura de peso dada pelo dinamômetro será feita levando-se em consideração o empuxo exercido pela água sobre o cubo.

Inicialmente, portanto, deve-se determinar a força de empuxo exercida pela água, dada pela multiplicação do peso específico da água pelo volume de água deslocado:

$$E = \gamma_{água} \cdot V_{deslocado}$$

Sendo o volume deslocado metade do volume do cubo, como dito no enunciado, obtém-se

$$E = 9810 \cdot \frac{6,4 \cdot 10^{-5}}{2} = 0,31 \, N$$

O empuxo exercido pela água sobre o cubo é de 0,31 N. Dessa forma, a leitura de peso no dinamômetro será dada por:

$$P_{dinam} = P_{real} - E$$

$$P_{dinam} = 1,72 - 0,31 = 1,41 \, N$$

O peso dado pelo dinamômetro será de 1,41 N.

5. a

Na superfície AB, a pressão vai aumentando em direção ao ponto B, pois a coluna de água vai ficando maior nessa direção. Assim, a representação das forças de pressão e da força resultante sobre a superfície AB na barragem fica assim:

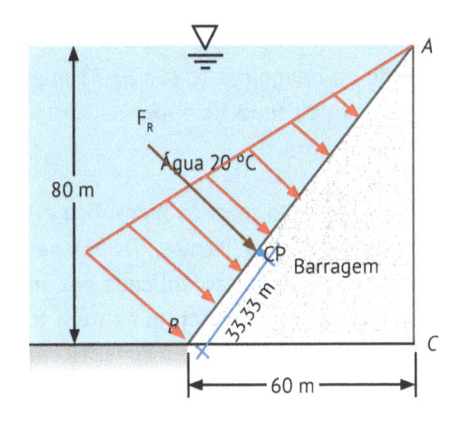

Para determinar a intensidade da força resultante (F_R), deve-se usar a seguinte equação:

$$F_R = \gamma_{água} \cdot h_c \cdot A$$

Como se sabe que a coluna de água tem altura de 80 m e a barragem tem base de 60 m, é possível determinar a dimensão da superfície AB, que é 100 m.

A altura do centroide (h_c) da superfície AB em relação ao nível de água é situada exatamente na metade da altura da coluna de fluido, isto é, a 40 m da superfície livre. A área da superfície AB é dada pela sua dimensão de 100 m multiplicada pelo seu comprimento (para dentro do papel) de 30 m. Assim:

$$F_R = 9\,810 \cdot 40 \cdot (100 \cdot 30)$$

$$F_R = 1\,177\,200\,000 \text{ N} \cong 1{,}18 \cdot 10^9 \text{ N} \cong 1{,}18 \text{ GN (giganewton)}$$

Para encontrar o ponto de localização da força resultante (F_R), deve-se identificar o centro de pressão do diagrama de pressões determinado. Como esse diagrama é um triângulo, seu centro de pressão se localiza a um terço de sua altura. Então:

$$c_p = \frac{h_{triângulo}}{3} = \frac{100}{3} = 33{,}33 \text{ m}$$

A força resultante (F_R) está localizada no centro de pressão do triângulo mostrado na imagem, isto é, a 33,33 m em relação ao ponto B na mesma direção da superfície AB.

Questões para reflexão

1. A principal utilidade do macaco hidráulico é levantar cargas pesadas sem fazer muita força. Isso se justifica pelo princípio de Pascal, o qual enuncia que a pressão aplicada em um ponto de um fluido em repouso é transmitida integralmente a todos os pontos desse fluido. Assim, o macaco hidráulico consiste em um pistão de grande diâmetro que é acionado pelo fluxo líquido que vem de um pistão de diâmetro pequeno. Com isso, a pressão exercida por uma pequena força sobre o pistão de diâmetro menor é transmitida integralmente ao pistão maior, gerando neste uma grande força.

2. Uma das principais aplicações do estudo acerca da pressão sobre superfícies planas e curvas é o projeto de barragens. É muito importante entender e determinar a pressão que será exercida pela água sobre a barragem, para poder estabelecer o tamanho da estrutura da barragem, sua geometria, o material que será utilizado em sua construção e a forma como será construída, a fim de evitar problemas como o rompimento.

Capítulo 3

Questões para revisão

1. A vazão pode ser determinada por:

$$Q = \frac{Vol}{t} = V \cdot A$$

Assim, como se deseja obter o tempo de enchimento do tambor, basta fazer as substituições na equação, lembrando-se de transformar o volume que está em L para m³ (0,214 m³) e o diâmetro de mm para m (0,03 m).

$$\frac{0,214}{t} = 0,3 \cdot \frac{\pi \cdot 0,03^2}{4}$$

$$t = 1009,16 \text{ s} = 16,82 \text{ min}$$

Para encher o tambor, leva-se 16,82 min.

2. b

Para determinar a pressão manométrica no ponto (1), deve-se utilizar a equação de Bernoulli, desprezando-se as perdas de carga. Porém, primeiramente, é necessário determinar a velocidade do líquido no ponto (2). Para isso, utiliza-se a equação da continuidade, que enuncia que a vazão permanece a mesma ao longo do conduto.

$$Q_1 = Q_2$$

$$A_1 \cdot V_1 = A_2 \cdot V_2$$

O enunciado estabelece que $A_2 = \dfrac{A_1}{2}$. Então:

$$A_1 \cdot 2 = \dfrac{A_1}{2} \cdot V_2$$

Como o termo A_1 está presente nos dois lados da equação, é possível simplificá-lo. Assim:

$$2 = \dfrac{1}{2} \cdot V_2$$

$$V_2 = 4 \text{ m/s}$$

A velocidade no ponto (2) é, portanto, 4 m/s. Agora, utilizando-se a equação de Bernoulli, obtém-se:

$$\dfrac{p_1}{\gamma_{\text{água}}} + \dfrac{V_1^2}{2 \cdot g} + z_1 = \dfrac{p_2}{\gamma_{\text{água}}} + \dfrac{V_2^2}{2 \cdot g} + z_2$$

Considerando-se o plano de referência para a determinação das posições z_1 e z_2 como sendo o eixo que passa pelo ponto (2), observa-se que $z_2 = 0$ e $z_1 = 20$ m. Então:

$$\dfrac{p_1}{9\,810} + \dfrac{2^2}{2 \cdot 9{,}81} + 20 = \dfrac{500\,000}{9\,810} + \dfrac{4^2}{2 \cdot 9{,}81} + 0$$

$$p_1 = 309\,701{,}7 \text{ Pa}$$

A pressão manométrica no ponto (1) é, então, 309.701,7 Pa.

3. c

Primeiramente, deve-se determinar a velocidade média na seção (2) a partir da equação da continuidade.

$$Q_1 = Q_2$$

$$V_1 \cdot A_1 = V_2 \cdot A_2$$

Como foram dados os diâmetros da seção (1) – 25 mm – e da seção (2) – 50 mm –, é necessário transformá-los para m para inseri-los na equação que segue:

$$3 \cdot \frac{\pi \cdot 0{,}025^2}{4} = V_2 \cdot \frac{\pi \cdot 0{,}05^2}{4}$$

$$V_2 = 0{,}75\,\text{m/s}$$

Assim, a velocidade média na seção (2) é de 0,75 m/s. Para se determinar a pressão na seção (2), desconsiderando-se as perdas de carga, utiliza-se a equação de Bernoulli:

$$\frac{p_1}{\gamma_{\text{água}}} + \frac{V_1}{2 \cdot g} + z_1 = \frac{p_2}{\gamma_{\text{água}}} + \frac{V_2}{2 \cdot g} + z_2$$

Considerando-se o plano de referência como sendo o eixo que passa pela seção (1), observa-se que $z_1 = 0$ e $z_2 = 2$ m. Assim:

$$\frac{345\,000}{9\,810} + \frac{3^2}{2 \cdot 9{,}81} + 0 = \frac{p_2}{9\,810} + \frac{0{,}75^2}{2 \cdot 9{,}81} + 2$$

$$p_2 = 326\,496{,}42\,\text{Pa}$$

A pressão na seção (2) é, portanto, 326.496,42 Pa.

4. d

A energia total de um fluido é composta pela soma das energias de pressão, de velocidade (cinética) e de posição (potencial).

5. A equação da continuidade enuncia que todo volume que entra em determinado tubo será exatamente o mesmo que sairá por esse tubo. Assim, qualquer variação de volume ocorrida na entrada do tubo também ocorrerá na saída desse tubo no mesmo período de tempo. Portanto, a vazão que entra em um tubo é a mesma que sai por ele. Como consequência, a vazão é determinada por:

$$Q_1 = Q_2$$

$$V_1 \cdot A_1 = V_2 \cdot A_2$$

$$V_1 = \frac{V_2 \cdot A_2}{A_1}$$

Com isso, nota-se que a velocidade de escoamento é inversamente proporcional à área da seção do tubo. Portanto, para grandes áreas, a velocidade será pequena e, para pequenas áreas, será grande.

Questão para reflexão

1. A asa de um avião é mais curva na parte de cima, de forma a obter maior fluxo de ar na parte superior. Assim, de acordo com o teorema de Bernoulli, a velocidade do ar é mais alta na parte superior da asa e, consequentemente, a pressão é menor. A diferença de pressão que ocorre, portanto, entre as partes superior e inferior da asa do avião produz uma força de direção vertical (força de elevação), que faz com que os aviões sejam mantidos no ar.

Capítulo 4

Questões para revisão

1. A principal diferença entre o escoamento em tubulações e o escoamento em canais livres é o fato de que o escoamento que ocorre em tubulações está sujeito a uma pressão diferente da pressão atmosférica, enquanto o escoamento em canais livres está sujeito à pressão atmosférica.
2. a

   A perda de carga localizada é provocada por peças especiais e conexões inseridas ao longo das tubulações.
3. b

   A perda de carga contínua é provocada pelo atrito do fluido nas paredes que ocorre ao longo da tubulação.
4. d

   A velocidade na canalização é:

   $$V = \frac{Q}{A} = \frac{0,06}{0,0707} = 0,85 \text{ m/s}$$

   As perdas de carga localizadas serão determinadas pelo método dos coeficientes. Portanto:

$$\frac{V^2}{2 \cdot g} = \frac{0{,}85^2}{2 \cdot 9{,}81} = 0{,}037$$

A peças especiais e as conexões apresentam os seguintes coeficientes de perda de carga localizada (K):

Peça/conexão	K
Entrada na tubulação	1
Curvas de 90°	0,40
Curvas de 45°	0,20
Válvulas de gaveta abertas	0,20
Saída da tubulação	1

Com base nesses dados, deve-se calcular a perda de carga localizada para:
» Entrada na tubulação:

$$h_f = K \cdot \frac{V^2}{2 \cdot g} = 1 \cdot 0{,}037 = 0{,}037 \, m$$

» Duas curvas de 90°:

$$h_f = 0{,}40 \cdot 0{,}037 = 0{,}0148 \cdot 2 = 0{,}030 \, m$$

» Duas curvas de 45°:

$$h_f = 0{,}20 \cdot 0{,}037 = 0{,}0074 \cdot 2 = 0{,}015 \, m$$

» Duas válvulas de gaveta (abertas):

$$h_f = 0{,}20 \cdot 0{,}037 = 0{,}0074 \cdot 2 = 0{,}015 \, m$$

» Saída da tubulação:

$$h_f = 1 \cdot 0{,}037 = 0{,}037 \, m$$

A perda de carga localizada total é de 0,134 m. A perda de carga por atrito é calculada pela fórmula de Hazen-Williams:

$$J = \frac{h_f}{L} = \frac{10{,}643}{D^{4{,}87}} \cdot \left(\frac{Q}{C}\right)^{1{,}85}$$

$$J = \frac{10{,}643}{0{,}300^{4{,}87}} \cdot \left(\frac{0{,}06}{100}\right)^{1{,}85} = 0{,}0041\,\text{m/m}$$

$$h_f = J \cdot L = 0{,}0041 \cdot 1\,800 = 7{,}38\,\text{m}$$

A perda de carga total é dada pela soma da perda de carga localizada e com a perda de carga contínua por atrito:

$$h_f = 0{,}134 + 7{,}38 = 7{,}514\,\text{m}$$

Portanto, a perda de carga total do sistema é de 7,514 m. As perdas de carga localizadas representam, portanto:

$$\frac{0{,}134}{7{,}38} = 0{,}0182 \cdot 100 = 1{,}82\,\%$$

Isto é, as perdas localizadas representam 1,82% da perda contínua por atrito. Isso demonstra que, em casos como esse, de tubulações longas com poucas peças especiais e conexões, as perdas de carga localizadas são desprezíveis quando comparadas à perda de carga contínua.

5. Pelo método dos comprimentos equivalentes, sabe-se que as perdas localizadas referentes às nove peças especiais que compõem o sistema são:
   (1) Tê, saída de lado: 1,4 m de canalização
   (2) Cotovelo, 90°: 0,7 m
   (3) Válvula de gaveta aberta: 0,1 m
   (4) Cotovelo, 90°: 0,7 m
   (5) Tê, passagem direta: 0,4 m
   (6) Cotovelo, 90°: 0,7 m
   (7) Válvula de gaveta aberta: 0,1 m
   (8) Cotovelo, 90°: 0,7 m
   (9) Cotovelo, 90°: 0,7 m
   Somando-se todas elas, obtém-se o valor de 5,5 m.

As perdas localizadas correspondem a um comprimento virtual adicional de tubulação de 5,5 m. Já para determinar a perda por atrito, é preciso somar os comprimentos reais da canalização:

$$0,35 + 1,10 + 1,65 + 1,50 + 0,50 + 0,20 = 5,30 \text{ m}$$

Para verificar a porcentagem das perdas localizadas em relação às perdas por atrito, deve-se aplicar a seguinte equação:

$$\frac{5,5}{5,30} = 104\%$$

Assim, as perdas localizadas representam 104% das perdas por atrito.

Questão para reflexão

1. A determinação da perda de carga é bastante importante, pois ela permite estabelecer a quantidade de energia que será "perdida" em um sistema. Com isso, podem ser projetados sistemas de tubulações mais eficientes. Nas tubulações longas, em geral, as perdas de carga localizadas que se devem às peças especiais e conexões podem ser desprezadas, pois o atrito que ocorrerá com o fluido nas paredes das tubulações será muito maior (por exemplo, um sistema de abastecimento de água de uma cidade). Por sua vez, em tubulações curtas, que não apresentarão muito atrito do fluido nas paredes da tubulação, as perdas de carga localizadas representam boa parte da perda de carga total dos sistemas de tubulações (por exemplo, instalações prediais de uma residência).

Capítulo 5

Questões para revisão

1. A principal limitação da fórmula universal é não poder trabalhar o envelhecimento dos tubos, pois se sabe que, com o tempo, os tubos envelhecem e, assim, a capacidade de transportar vazão diminui principalmente por causa de corrosões ou incrustações que podem ocorrer. O envelhecimento, portanto, faz com que os tubos tenham suas perdas de carga elevadas. Na fórmula universal, porém, são avaliados apenas os parâmetros relativos às características do próprio

escoamento, como diâmetro, comprimento e velocidade, e determina-se um fator de atrito baseado no material do tubo e no regime de escoamento. A determinação do fator de atrito, no entanto, não leva em consideração o envelhecimento do tubo.
2. A fórmula de Hazen-Williams é amplamente utilizada para sistemas de abastecimento de água e de esgotamento sanitário. Suas principais limitações são a restrição do diâmetro, podendo ser utilizada em tubos com diâmetro entre 50 mm e 3 500 mm, e a restrição na velocidade do escoamento, sendo aplicada a escoamentos com até 3 m/s de velocidade. O principal ponto positivo dessa fórmula é a questão de poder inserir o fator envelhecimento no coeficiente de atrito de Hazen-Williams (C), sendo possível a consulta a tabelas disponíveis na literatura que disponibilizam o valor C de acordo com a idade das tubulações, tornando os resultados bastante satisfatórios.
3. c

Como no enunciado da questão é dado o coeficiente de rugosidade de Hazen-Williams (C), será utilizada a fórmula de Hazen-Williams para resolver a questão:

$$J = 10{,}643 \cdot Q^{1{,}85} \cdot C^{-1{,}85} \cdot D^{-4{,}87}$$

Para utilizar a equação, é necessário determinar a perda de carga unitária (J):

$$J = \frac{h_f}{L} = \frac{65}{650} = 0{,}1 \frac{m}{m}$$

Substituindo-se os valores na equação, obtém-se:

$$0{,}1 = 10{,}643 \cdot 0{,}005^{1{,}85} \cdot 140^{-1{,}85} \cdot D^{-4{,}87}$$

$$D = 0{,}053 \, m$$

O tubo deve ter diâmetro de 0,053 m.
4. d

Para determinar a velocidade de escoamento, deve-se transformar a vazão de L/h para m³/s e o diâmetro de mm para m:

$$Q = V \cdot A; \; V = \frac{Q}{A} = \frac{2{,}78 \cdot 10^{-7}}{\frac{\pi \cdot 0{,}0008^2}{4}} = 0{,}55 \text{ m/s}$$

O regime de escoamento é determinado pelo número de Reynolds:

$$Re = \frac{V \cdot D}{\nu_{\text{água}}} = \frac{0{,}55 \cdot 0{,}0008}{1{,}01 \cdot 10^{-6}} = 435{,}6$$

Como o número encontrado está abaixo de 2 000, o regime de escoamento é laminar. Para determinar o comprimento do tubo, será utilizada a fórmula universal:

$$h_f = f \times \frac{L \cdot V^2}{2 \cdot g \cdot D}$$

Contudo, ainda resta encontrar o fator de atrito (f). Como o regime de escoamento é laminar, utiliza-se:

$$f = \frac{64}{Re} = \frac{64}{435{,}6} = 0{,}146$$

Assim:

$$L = \frac{h_f \cdot 2 \cdot g \cdot D}{f \cdot V^2} = \frac{15 \cdot 2 \cdot 9{,}81 \cdot 0{,}0008}{0{,}146 \cdot 0{,}55^2} = 5{,}33 \text{ m}$$

Portanto, o escoamento apresenta velocidade de 0,55 m/s, número de Reynolds de 435,6, regime laminar e comprimento do tubo de 5,33 m.

5. a

Para determinar a velocidade, utiliza-se:

$$Q = V \cdot A; \; V = \frac{Q}{A} = \frac{0{,}130}{\frac{\pi \cdot 0{,}3^2}{4}} = 1{,}84 \text{ m/s}$$

Para o cálculo da perda de carga, será usada a fórmula universal:

$$h_f = f \cdot \frac{L \cdot V^2}{2 \cdot g \cdot D} = 0,038 \cdot \frac{300 \cdot 1,84^2}{2 \cdot 9,81 \cdot 0,3} = 6,55 \, m$$

Assim, a velocidade do escoamento é de 1,84 m/s, e a perda de carga, de 6,55 m.

Questão para reflexão
1. Todas as tubulações, especialmente as de ferro dúctil e de aço, com o passar do tempo, podem sofrer corrosão ou incrustações nas paredes internas, tornando-se mais rugosas. Portanto, conforme os anos vão se passando e a tubulação vai ficando mais antiga, aumenta sua rugosidade e, consequentemente, a perda de carga.

Capítulo 6

Questões para revisão
1. A linha de carga (energia) corresponde ao lugar geométrico que representa as três energias (cargas) de um escoamento: velocidade, posição e pressão. Já a linha piezométrica significa a altura devida somente às cargas de pressão e de posição, desconsiderando-se a carga de velocidade. Essa, portanto, é a principal diferença entre as duas linhas, isto é, a linha de energia (carga) considera a carga de velocidade, e a linha piezométrica não.
2. A posição ótima da tubulação para o bom funcionamento do escoamento é quando a tubulação está assentada abaixo da linha de carga efetiva em toda a sua extensão, mantendo-se idealmente a tubulação pelo menos 4 m abaixo da linha piezométrica. Dessa forma, o escoamento ocorre totalmente por gravidade e será normal com a vazão real correspondendo à vazão calculada. Somente nos pontos mais baixos se deve ter o cuidado de instalar descargas com válvulas de bloqueio, para a limpeza periódica e o esvaziamento, quando necessário. Já nos pontos mais altos, deve-se promover a instalação de ventosas, que têm a função de realizar o escapamento de ar acumulado automaticamente.

3. c

Primeiramente, deve ser determinada a perda de carga unitária (J):

$$J = \frac{h_f}{L} = \frac{200}{10\,000} = 0,02 \text{ m/m}$$

Para o cálculo da velocidade de escoamento, é utilizada a equação de Hazen-Williams:

$$V = 0,355 \cdot C \cdot D^{0,63} \cdot J^{0,54}$$

$$V = 0,355 \cdot 90 \cdot 0,2^{0,63} \cdot 0,02^{0,54} = 1,4 \text{ m/s}$$

A vazão é determinada por:

$$Q = V \cdot A = 1,4 \cdot \frac{\pi \cdot 0,2^2}{4} = 0,044 \text{ m}^3/\text{s}$$

Portanto, a vazão escoada é de 0,044 m³/s, e a velocidade do escoamento é de 1,4 m/s.

4. b

Determina-se, inicialmente, a perda de carga unitária (J):

$$J = 10,643 \cdot Q^{1,85} \cdot C^{-1,85} \cdot D^{-4,87}$$

$$J = 10,643 \cdot 0,8^{1,85} \cdot 100^{-1,85} \cdot 0,6^{-4,87} = 0,0168 \text{ m/m}$$

A perda de carga total do escoamento é:

$$h_f = J \cdot L = 0,0168 \cdot 10\,000 = 168 \text{ m}$$

A velocidade é determinada por:

$$Q = V \cdot A; \quad V = \frac{Q}{A} = \frac{0,8}{\frac{\pi \cdot 0,6^2}{4}} = 2,83 \text{ m/s}$$

A perda de carga total do escoamento é de 168 m, e a velocidade é de 2,83 m/s.

5. d

Determina-se o diâmetro:

$$Q = V \cdot A; \quad A = \frac{Q}{V} = \frac{1,2}{1} = 1,2 \, m^2$$

$$A = \frac{\pi \cdot D^2}{4}; \quad D^2 = \frac{4 \cdot A}{\pi} = \frac{4 \cdot 1,2}{\pi}$$

$$D = 1,24 \, m$$

Primeiramente, a perda de carga unitária (J) é determinada por:

$$J = 10,643 \cdot Q^{1,85} \cdot C^{-1,85} \cdot D^{-4,87}$$

$$J = 10,643 \cdot 1,2^{1,85} \cdot 100^{-1,85} \cdot 1,24^{-4,87} = 0,00104 \, m/m$$

A perda de carga total do escoamento é:

$$h_f = J \cdot L = 0,00104 \cdot 500 = 0,52 \, m$$

O diâmetro do tubo deve ser de 1,24 m, e a perda de carga total do escoamento é de 0,52 m.

Questão para reflexão

1. Porque a velocidade da água nas tubulações não é muito alta. Adotando-se, por exemplo, uma velocidade média de 0,9 m/s, obtém-se a carga de velocidade para essa velocidade:

$$\frac{V^2}{2 \cdot g} = \frac{0,9^2}{2 \cdot 9,81} = 0,041 \, m = 4,1 \, cm$$

Essa seria a distância que separaria a linha de energia da linha piezométrica. Caso a velocidade da água fosse de 1,5 m/s, a carga de velocidade seria de 11 cm; se fosse de 2 m/s, a carga seria de 20 cm, não ficando muito acima disso. Como essa energia acaba sendo recuperada nas chegadas, é comum admitir a coincidência das linhas de energia (carga) e piezométrica.

Capítulo 7

Questões para revisão

1. d

    A altura manométrica é representada pelo somatório do desnível topográfico do terreno e de todas as perdas de carga ocorridas na tubulação de sucção e de recalque. A determinação dessa altura é importante para a escolha da bomba, pois essa é a altura a ser vencida pela bomba escolhida.

2. As informações iniciais para a determinação da bomba a ser usada são a altura a ser vencida (altura manométrica) e a vazão que será transportada. Com essas duas informações, é necessário consultar catálogos de fabricantes de bombas a fim de, primeiramente, definir a família da bomba com essas características. Depois, observam-se as curvas características das bombas, analisando-se mais precisamente a altura a ser vencida, a vazão que será transportada, o rendimento da bomba, a potência da bomba e o NPSH requerido. Com base na análise das curvas características, define-se a bomba para o sistema em questão.

3. Se as bombas funcionarem em série, serão somadas as alturas manométricas e, assim, elas poderão transportar uma vazão de 60 L/s a uma altura manométrica de 90 m. Já se forem instaladas em paralelo, serão somadas as vazões e, portanto, poderá ser transportada uma vazão de 120 L/s a uma altura manométrica de 45 m.

4. c

    O diâmetro econômico da canalização de recalque será dado pela fórmula de Bresse, usando-se K = 1,2:

    $$D = K \cdot \sqrt{Q} = 1,2 \cdot \sqrt{0,03} = 0,2 \, m$$

    A canalização de recalque terá um diâmetro de 0,2 m. Já a canalização de sucção é sempre executada com um diâmetro imediatamente superior à de recalque – no caso, 0,25 m.

    Para a determinação das perdas de carga na sucção, será adotado o método dos comprimentos virtuais, encontrando-se os seguintes comprimentos:

    » válvula de pé e crivo = 65 m;

» curva de 90° = 4,1 m.

Assim, para determinar o comprimento virtual total da sucção, deve-se adicionar a esses comprimentos virtuais o comprimento real da tubulação de sucção (2,5 m):

$$L_{sucção} = 65 + 4,1 + 2,5 = 71,6 \, m$$

Para calcular a perda de carga, utiliza-se a fórmula de Hazen-Williams:

$$J = 10,643 \cdot Q^{1,85} \cdot C^{-1,85} \cdot D^{-4,87}$$

$$J = 10,643 \cdot 0,03^{1,85} \cdot 100^{-1,85} \cdot 0,25^{-4,87} = 0,0028 \, m/m$$

$$h_{f_{sucção}} = J \cdot L_{sucção} = 0,0028 \cdot 71,6 = 0,2 \, m$$

O mesmo procedimento será feito para determinar a perda de carga na tubulação de recalque.
Comprimentos virtuais:

» válvula de retenção = 16 m;
» duas curvas de 90° a 3 · 3 = 6,6 m;
» registro de gaveta (aberto) = 1,4 m;
» saída de canalização = 6 m.

Dessa forma, para determinar o comprimento virtual total de recalque, deve-se adicionar a esses comprimentos virtuais o comprimento real da tubulação de recalque (37,5 m):

$$L_{recalque} = 16 + 6,6 + 1,4 + 37,5 = 67,5 \, m$$

A fim de calcular a perda de carga, utiliza-se a fórmula de Hazen-Williams:

$$J = 10,643 \cdot Q^{1,85} \cdot C^{-1,85} \cdot D^{-4,87}$$

$$J = 10,643 \cdot 0,03^{1,85} \cdot 100^{-1,85} \cdot 0,20^{-4,87} = 0,0083 \, m/m$$

$$h_{f_{recalque}} = J \cdot L_{recalque} = 0,0083 \cdot 67,5 = 0,56 \, m$$

A altura manométrica é dada por:

$$H_{man} = H_g + h_{f_{sucção}} + h_{f_{recalque}} = 40 + 0,2 + 0,56 = 40,76 \text{ m}$$

Para determinar a potência, considera-se:

$$P = \frac{\gamma_{água} \cdot Q \cdot H_{man}}{75 \cdot \eta} = \frac{1\,000 \cdot 0,03 \cdot 40,76}{75 \cdot 70} = 23 \text{ CV}$$

O motor elétrico comercial que mais se aproxima da potência requerida é o de 25 HP. A alternativa correta, portanto, é a letra "c": D = 0,2 m e P = 23 CV.

5. b

O consumo total do edifício em um dia é:

$$275 \text{ pessoas} \cdot 200 \frac{L}{hab} = 55\,000 \text{ L/dia}$$

Sabendo-se que o sistema funcionará 6 horas por dia, a vazão das bombas será de:

$$Q = \frac{\text{Consumo}}{\text{número horas} \cdot 3\,600 \text{ s}} = \frac{55\,000}{6 \cdot 3\,600} = 2,55 \text{ L/s}$$

Para determinar o diâmetro econômico, é usada a fórmula de Bresse, com K = 1,2:

$$D = K \cdot \sqrt{Q} = 1,2 \cdot \sqrt{0,00255} = 0,047 \text{ m} = 47 \text{ mm}$$

O diâmetro necessário para a tubulação é de 0,047 m (47 mm), porém, comercialmente, terá de ser usado um diâmetro de 0,05 m (50 mm). A alternativa correta, portanto, é a letra "b".

Questão para reflexão

1. A cavitação ocorre quando a pressão absoluta em determinado ponto de um líquido fica abaixo de um limite, atingindo-se o ponto de ebulição da água. Nesse momento, o líquido começa a "ferver" e são formadas bolsas de vapor, que surgem e desaparecem na própria corrente, como pequenas explosões. Esse fenômeno ocorre quando o NPSH disponível é menor do que o requerido.

Capítulo 8

Questões para revisão

1. d

   Os canais ou condutos livres apresentam pelo menos um ponto com superfície livre aberta à atmosfera.

2. O ressalto hidráulico corresponde a uma sobrelevação brusca da superfície líquida. Ele ocorre quando há uma mudança de regime de uma profundidade menor que a crítica para outra maior que esta, em virtude do retardamento do escoamento em regime inferior. É bastante observado no sopé das barragens, a jusante de comportas.

3. O remanso ocorre quando se executa uma barragem em um rio que causa sobrelevação das águas e influencia o nível da água a uma grande distância a montante. É necessário determinar a curva de remanso para delimitar as áreas inundadas, o volume de água que será acumulado pela barragem, a variação das profundidades, entre outros aspectos.

4. d

   Para determinar a base maior da seção trapezoidal (B), deve-se fazer o seguinte cálculo:

   $$B = b + (2 \cdot H \cdot y) = 1,75 + (2 \cdot 2,5 \cdot 1,4) = 8,75 \text{ m}$$

   A área molhada é dada por:

   $$A_m = \frac{(B+b) \cdot h}{2} = \frac{(8,75+1,75) \cdot 1,4}{2} = 7,35 \text{ m}^2$$

   E o perímetro molhado é dado por:

   $$Le = Ld = \sqrt{3,5^2 + 1,4^2} = 3,77 \text{ m}$$

   $$P_m = b + Le + Ld = 1,75 + 3,77 + 3,77 = 9,04$$

   O raio hidráulico é igual a:

$$R_H = \frac{A_m}{P_m} = \frac{7{,}35}{9{,}04} = 0{,}81$$

Para determinar a velocidade, considera-se:

$$V = \frac{1}{n} \cdot R_H^{\frac{2}{3}} \cdot I^{\frac{1}{2}} = \frac{1}{0{,}035} \cdot 0{,}81^{\frac{2}{3}} \cdot 0{,}0003^{\frac{1}{2}} = 0{,}43 \text{ m/s}$$

Para a vazão, calcula-se:

$$Q = V \cdot A_m = 0{,}43 \cdot 7{,}35 = 3{,}16 \text{ m}^3/\text{s}$$

Assim, a vazão que passa por essa seção é de 3,16 m³/s.

5. a

Foi dado que:

$$b = 2 \cdot h$$

A área molhada da seção retangular corresponde a:

$$A_m = b \cdot h = 2 \cdot h^2$$

O perímetro molhado é igual a:

$$P_m = (2 \cdot h) + b = (2 \cdot h) + (2 \cdot h) = 4 \cdot h$$

Assim, o raio hidráulico é:

$$R_H = \frac{A_m}{P_m} = \frac{2 \cdot h^2}{4 \cdot h} = \frac{h}{2}$$

A velocidade é dada por:

$$V = \frac{1}{n} \cdot R_H^{\frac{2}{3}} \cdot I^{\frac{1}{2}} = \frac{1}{0{,}017} \cdot \left(\frac{h}{2}\right)^{\frac{2}{3}} \cdot 0{,}0028^{\frac{1}{2}} = 1{,}96 \cdot h^{\frac{2}{3}} \text{ m/s}$$

E a vazão é dada por:

$$Q = V \cdot A_m = 1{,}96 \cdot h^{\frac{2}{3}} \cdot 2 \cdot h^2 = 1{,}42$$

$$h = 0{,}68 \text{ m}$$

Consequentemente, a base (b) é:

$$b = 2 \cdot h = 2 \cdot 0,68 = 1,36 \text{ m}$$

As dimensões da seção retangular são altura de 0,68 m e base de 1,36 m.

Questão para reflexão

1. Canais e escoamentos não existem na natureza. Nem mesmo os condutos artificiais prismáticos, longos e que têm pequena declividade apresentam condições sequer próximas de um escoamento uniforme. As condições de uniformidade ocorrem somente a partir de certa distância da seção inicial e também não existem no final da seção. Por isso, em coletores de esgotos, dimensionados como canais de escoamento uniforme, ocorrem remansos e ressaltos de água. Porém, a consideração da uniformidade é tida como aceitável, a fim de facilitar os cálculos, e os erros são entendidos como toleráveis para a engenharia real.

Capítulo 9

Questões para revisão

1. d

   A hidrometria é a ciência que estuda as características físicas da água, sendo usada, portanto, para a medição de velocidade, de vazão e de nível de um rio, entre outras aplicações. Tais medições são feitas por meio de instrumentos e técnicas.

2. A medição de velocidade em um rio pode ser feita de forma direta, com o uso de flutuadores, que adquirem a velocidade das águas em que são colocados, ou de forma indireta, por meio de molinetes. Os molinetes são instrumentos constituídos por hélices que giram quando a água do rio passa por elas, dando um número de rotações que é proporcional à velocidade da água.

3. A medição de vazão de forma direta é feita pela medição do tempo de enchimento de um recipiente com volume conhecido. Já a medição de vazão de forma indireta pode ser feita: por tubos, como piezômetros, que medem a pressão; por placas de orifícios ou diafragmas; por tubos

de Venturi, que forçam o estreitamento da seção, alterando a velocidade de escoamento e, consequentemente, a pressão; por fluxômetros (rotâmetros), medidores magnéticos e ultrassônicos e hidrômetros.

4. c

Considerando-se a utilização de um orifício de diâmetro de 350 mm, a relação entre os diâmetros é de:

$$\frac{D_1}{D_2} = \frac{550}{350} = 1,57 \quad \text{ou} \quad \frac{D_2}{D_1} = \frac{350}{550} = 0,64 = 64\%$$

Utiliza-se a seguinte equação:

$$Q = 3,48 \cdot \frac{C_d \cdot D_1^2 \cdot \sqrt{H}}{\sqrt{\left(\frac{D_1}{D_2}\right)^4 - 1}}$$

A diferença de pressão produzida é de:

$$H = \frac{Q^2 \cdot \left[\left(\frac{D_1}{D_2}\right)^4 - 1\right]}{3,48^2 \cdot C_d^2 \cdot D_1^4} = \frac{0,275^2 \cdot \left[1,57^4 - 1\right]}{3,48^2 \cdot 0,61^2 \cdot 0,55^4} = 0,93 \, m$$

Para a relação $D_1/D_2 = 1,57$, a perda de carga final é de 58%. Assim:

$$h_f = 58\% \cdot 0,93 \, m = 0,54 \, m$$

A perda de carga, portanto, é de 0,54 m.

5. a

Utiliza-se a seguinte equação:

$$Q = 3,48 \cdot \frac{C_d \cdot D_1^2 \cdot \sqrt{H}}{\sqrt{\left(\frac{D_1}{D_2}\right)^4 - 1}} = 3,48 \cdot \frac{0,61 \cdot 0,25^2 \cdot \sqrt{0,45}}{\sqrt{\left(\frac{0,25}{0,17}\right)^4 - 1}} = 0,0046 \, m^3/s$$

Para a perda de carga:

$$\frac{D_1}{D_2} = \frac{0,25}{0,17} = 1,47$$

De acordo com essa relação, o percentual de perda de carga é de 54%:

$$h_f = 54\% \cdot 0,45\,m = 0,24\,m$$

Assim, a vazão da canalização é de 0,0046 m³/s, e a perda de carga, de 0,24 m.

Questão para reflexão

1. O efeito Doppler consiste no fato de o movimento das partículas na água causar variações na frequência do eco. Para a medição de vazão em rios, o equipamento ADCP emite pulsos sonoros de frequência predefinida e, quando o pulso é refletido por partículas, há alterações nessa frequência. Com isso, ocorre uma diferença entre a frequência dos ecos que retornam e a frequência dos pulsos emitidos pelo aparelho. Portanto, essa diferença é proporcional à velocidade das partículas na água.

Capítulo 10

Questões para revisão

1. Um sistema de abastecimento de água se inicia pela captação da água em um manancial (superficial ou subterrâneo). Após isso, a água é transportada por adutoras até a próxima unidade do sistema, que é a estação de tratamento. Nela, a água é tratada para que possa ser entregue ao consumidor final com qualidade (potável), isto é, eliminando-se ou reduzindo-se os micro-organismos patogênicos e as substâncias tóxicas, removendo-se ou reduzindo-se cor, turbidez, dureza, odor e sabor e removendo-se ou reduzindo-se corrosividade, incrustabilidade, ferro e manganês etc. Depois do tratamento, a água segue pelas adutoras para os reservatórios de distribuição, que têm a função de reservar a água e compensar as variações horárias de vazão. Por fim, a última unidade componente do sistema de abastecimento de água se refere às redes de distribuição, as quais têm a função de conduzir a água até os consumidores finais com qualidade

adequada e em pressões estabelecidas. As redes de distribuição são compostas de tubulações, conexões e peças especiais e, geralmente, acompanham o traçado das ruas e calçadas.

2. c

O sistema de drenagem pluvial de uma cidade tem o objetivo de coletar e dispor toda a água de chuva em um corpo receptor, em geral, um rio. Um bom sistema de drenagem pluvial é capaz de evitar problemas como enchentes e inundações.

3. Com relação à existência de um reservatório de distribuição capaz de atender às variações horárias de consumo, determina-se a vazão (Q_1):

$$Q_1 = \frac{k_1 \cdot q \cdot P}{3600 \cdot h} = \frac{1{,}25 \cdot 200 \cdot 18\,000}{3600 \cdot 24} = 52\,L/s$$

Com a carga disponível de 14 m, a perda de carga unitária (J) é:

$$J = \frac{\Delta H}{L} = \frac{14}{3500} = 0{,}004\,m/m$$

Aplicando-se a fórmula de Hazen-Williams, encontra-se o diâmetro de:

$$J = 10{,}643 \cdot Q^{1{,}85} \cdot C^{-1{,}85} \cdot D^{-4{,}87}; D^{-4{,}87} = \frac{J}{10{,}643 \cdot Q^{1{,}85} \cdot C^{-1{,}85}}$$

$$D^{-4{,}87} = \frac{0{,}004}{10{,}643 \cdot 0{,}052^{1{,}85} \cdot 90^{-1{,}85}}$$

$$D = 0{,}30\,m$$

O diâmetro da adutora na situação com reservatório de distribuição é de 0,30 m.

Por sua vez, quando não há reservatório de distribuição, a tubulação deve ter capacidade para atender à vazão da hora de maior consumo do dia de maior consumo (Q_2). Então:

$$Q_2 = k_2 \cdot Q_1 = 1{,}5 \cdot 52 = 78\,L/s$$

Usando novamente a fórmula de Hazen-Williams, obtém-se:

$$J = 10{,}643 \cdot Q^{1,85} \cdot C^{-1,85} \cdot D^{-4,87}; \; D^{-4,87} = \frac{J}{10{,}643 \cdot Q^{1,85} \cdot C^{-1,85}}$$

$$D^{-4,87} = \frac{0{,}004}{10{,}643 \cdot 0{,}078^{1,85} \cdot 90^{-1,85}}$$

$$D = 0{,}35 \, m$$

Assim, quando não há reservatório de distribuição, o diâmetro da adutora deve ser de 0,35 m.

4. b

Utiliza-se a equação de California Highways:

$$t_c = 57 \cdot \left(\frac{L^3}{H}\right)^{0,385} = 57 \cdot \left(\frac{2{,}7^3}{98}\right)^{0,385}$$

$$t_c \cong 30 \, min$$

Agora, recorre-se a dados da literatura para o retorno de 25 anos e 30 min de duração da chuva:

$$h = 58{,}3 \, mm \; \text{ e } \; i = \frac{h}{t} = \frac{58{,}3}{30} = 1{,}94 \, \frac{mm}{min} = 0{,}32 \, m^3/s.ha$$

Para determinar a vazão, aplica-se:

$$Q = C_m \cdot i_m \cdot A = 0{,}30 \cdot 0{,}32 \cdot 200 = 19{,}2 \, m^3/s$$

A vazão máxima na seção de drenagem é, portanto, de 19,2 m³/s.

5. a

Considera-se a declividade:

$$I = 0{,}5\% = 0{,}005 \, m/m$$

A vazão, portanto, é estabelecida por:

$$Q = \frac{A}{n} \cdot R_H^{\frac{2}{3}} \cdot I^{\frac{1}{2}} = \frac{0{,}28}{0{,}016} \cdot 0{,}063^{\frac{2}{3}} \cdot 0{,}005^{\frac{1}{2}} = 0{,}2 \, m^3/s$$

Tomando-se os dois lados da rua, obtém-se Q = 0,4 m³/s.

Questão para reflexão
1. O primeiro grande benefício da instalação de um sistema de esgoto sanitário é a melhoria da qualidade de vida das pessoas, em decorrência de uma melhor condição higiênica local, promovendo-se, com isso, a redução de doenças. Outro benefício se refere à conservação dos recursos naturais, preservando-se a qualidade das águas e, consequentemente, protegendo-se comunidades e estabelecimentos que estejam situados após a localização da estação de tratamento de esgoto.

Capítulo 11

Questões para revisão
1. As obras hidráulicas têm o objetivo de controlar, conter ou transportar os recursos hídricos para determinada finalidade. As principais obras hidráulicas para armazenamento e contenção dos recursos hídricos são as barragens e os diques. Já os bueiros, os canais e as pontes são obras hidráulicas com a finalidade de transporte e adução de água. Por fim, existem os vertedores e os dissipadores de energia, que têm a função de controlar os recursos hídricos.
2. As pontes não são estruturas de condução de água, mas têm a função de transposição dos cursos d'água de porte significativo. Já os bueiros têm como principal função a passagem de água dos talvegues sob as obras de terraplanagem, sendo construídos sempre nos pontos mais baixos.
3. d
   As obras hidráulicas de reservação são importantes pois, na maioria das vezes, um curso d'água não mantém sua vazão constante. Portanto, é necessário reservar a água para que, em momentos futuros, no quais o curso d'água não esteja disponibilizando a vazão demandada, essa água reservada possa ser utilizada.
4. b
   As obras hidráulicas de controle são necessárias quando o curso d'água apresenta vazões muito altas, as quais não são absorvidas pelo sistema de drenagem, podendo causar inundações. Assim, são

construídas obras hidráulicas como os vertedores, que têm a função de extravasar as vazões quando estas se encontram muito elevadas.

5. c

A água que é descarregada pelo vertedor apresenta uma elevada energia cinética, podendo causar estragos na estrutura na qual será descarregada e também no corpo receptor. A função dos dissipadores de energia é compatibilizar a velocidade com que a água é descarregada, a fim de minimizar possíveis estragos.

Questão para reflexão

1. Em uma barragem, atuam algumas forças, como: o peso da própria barragem; a pressão hidrostática, a qual é exercida pela água que circunda a barragem; a subpressão, gerada pela água sob pressão localizada abaixo da barragem; as forças devido às ondas, que podem variar com a altura das ondas; e o empuxo por conta do assoreamento, que ocorre em virtude da quantidade de sedimentos depositados a montante da barragem. É primordial determinar todas essas forças atuantes sobre a barragem, para que esta seja bem dimensionada e sejam evitados problemas como rupturas.

Capítulo 12

Questões para revisão

1. Os principais impactos ambientais são: a geração de efluentes domésticos, industriais e pluviais; as águas pluviais provenientes das áreas agrícolas, que devem estar contaminadas por pesticidas; os efluentes gerados na criação de animais; os efluentes gerados nas atividades de mineração; e o impacto devido às obras hidráulicas.

2. b

A ocupação desordenada das cidades impacta diretamente os sistemas hídricos, pois há ocupação e, consequentemente, poluição das áreas de mananciais; ocorre, também, uma exploração ao limite da disponibilidade hídrica da região, além da geração de efluentes domésticos, industriais e pluviais que são despejados sem tratamento nos rios e acabam inviabilizando a utilização desses rios para

posterior captação de água; por fim, ocorre a impermeabilização do solo e a canalização dos rios.
3. Alguns impactos que ocorrem a montante das barragens são: o comprometimento da fauna e da flora devido à variação do nível de água e da velocidade do escoamento e a tendência à eutrofização, que corresponde a um aumento no teor de nutrientes (fosfatos e nitratos) e provoca um aumento da matéria orgânica em decomposição e uma proliferação de algas. Já a jusante, podem ser citados os seguintes impactos: alterações na fauna e na flora, além de problemas de navegação, novamente por conta das variações do nível de água, bem como alterações na qualidade da água, pois as camadas mais inferiores serão anaeróbias (sem oxigênio) e apresentarão maior carga de poluição.
4. c
A PNRH enuncia que a água é um bem de domínio público, sendo um recurso limitado dotado de valor econômico. Em situações de escassez, devem-se priorizar o consumo humano e a dessedentação de animais. A lei prevê, ainda, o uso múltiplo dos recursos hídricos, além de considerar a bacia hidrográfica como a unidade de planejamento e de apregoar uma gestão descentralizada.
5. d
O objetivo do enquadramento dos corpos hídricos é que, de acordo com a qualidade das águas desses corpos (classes), sejam definidos quais usos podem ser feitos.

Questão para reflexão
1. A fim de minimizar os impactos das barragens, devem-se prever formas de retirar a fauna e a flora e de transportá-las para locais seguros. Além disso, é necessário compensar financeiramente as famílias que precisarão ser relocadas, isto é, que terão de sair de suas casas. Uma das principais ações é inundar a menor área possível, para que o impacto ambiental causado pela inundação não seja tão grande.

Sobre a autora

Liliane Klemann Raminelli é formada em Engenharia Ambiental pela Universidade Federal do Paraná (UFPR) e em Engenharia de Segurança do Trabalho pela Universidade Tecnológica Federal do Paraná (UTFPR). Tem mestrado, também pela UTFPR, no Programa de Pós-Graduação em Engenharia Mecânica e de Materiais (PPGEM), na linha de pesquisa de avaliação do ciclo de vida. Seu doutorado foi realizado na UFPR, no Programa de Pós-Graduação em Engenharia de Recursos Hídricos e Ambiental (PPGERHA), na linha de pesquisa de abordagem integrada dos sistemas de abastecimento de água. Atualmente, leciona na Pontifícia Universidade Católica do Paraná (PUCPR) nos cursos de Engenharia Ambiental e Engenharia Civil, em disciplinas voltadas às áreas de mecânica dos fluidos, hidráulica, hidrologia e construções sustentáveis.

Como engenheira, já trabalhou em diversas obras rodoviárias como especialista ambiental, função em que atuou na elaboração de plano de gerenciamento de resíduos, na solicitação de licenças à Secretaria do Meio Ambiente (locação de canteiro de obras, corte e remoção de vegetação, entre outros) e no acompanhamento dessas obras com vistas à questão ambiental e, principalmente, ao gerenciamento dos resíduos gerados.

Impressão:
Março/2021